微分積分読本

― 1変数 ―

小林昭七 著

東京 裳華房 発行

Calculus
— One Variable —

by

Shoshichi Kobayashi

SHOKABO

TOKYO

まえがき

　著者が学生だった半世紀前は，数学書は微積分の教科書でさえも数少なく皆いくつかの標準的な本で学んだが，いまや微積分の本は（数学的には正しくない表現を使えば）数限りない．デデキントの切断によって実数を定義し，すべての定義,定理,証明を水も漏らさぬ厳密さで述べてある　数学的には完璧な本から，定義や定理は直観に訴え証明は省き　計算中心の例題と演習に重点をおいた本まで　実に多種多様である．近年，後者の方に近い本が増えつつあるのは，大学が一部のエリートのものだった時代から，高校課程を修了した人の多くが大学にいくように時代が変った当然の帰結である．

　したがって，微積分を教えるときも　微積分の本を書くときも，どのレベルを目指すかは非常に難しい問題である．教える方の立場からいうと，なるべく数学的にきちんとやりたい．しかし，あまり厳密にやれば　ほんの一部の学生以外は忽ち落ち零れてしまうことは目に見えている．始末の悪いことに，実数,収束,連続といった　学生にとって一番判りにくいところが最初にでてくるから，微分の「び」もでてこないうちに脱落してしまうのである．そうかといって　そのあたりを直観的な説明だけで証明を省くと，その後も基本的な定理は何も証明できなくなってしまう．それでも講義では学生の反応を見ながら内容を適当に変えることができるが，本の場合には読者は目的に適ったものかの判断がつかないうちに選ばなければならない．

　この本では，微積分の基本的定理を理解したいか，する必要のある読者のために，証明はかなり丁寧に書いたつもりである．定義,定理を説明するため　具体例や図も多く付けるようにしたが，分厚い本にならないように演習問題などは付けなかった．大部分の読者は他の適当な教科書で易しい演習問題をやりながら本書を参考にすればよいかと思う．

既に述べたように，微積分を厳密に しかも読み易く書くことは難しい．ここでは実数の定義は直観的な説明だけですませたが，大方の本よりは丁寧に述べたつもりである．一応 デデキントの切断も定義だけは説明しておいたが，それを元にして実数論をきちんと展開するということはしなかった．実数の定義のことを除けば，あとは定義も証明も正確に与えるようにした．いわゆる ε-δ を使う議論は 最初のうちは特に丁寧に説明しておいた．

また，代数学の基本定理については証明していない微積分の本が多く，学生が他の本で探しても易しい証明に出会うとは限らないので，一個所だけほんの少し直観に訴えるところがあるが 通常よりは易しいと思われる証明を付けておいた．念のためこの本の知識の範囲内でできる証明（歴史的には一番古いダランベールの証明を補ったもの）も与えておいた．

本書も他の多くの数学書と同じく微積分の発展の歴史とは全く逆に書いてある．積分は ある意味では非常に易しい概念で古代ギリシャの数学に既に見られる．一方，収束とか連続とかいったことが論じられるようになったのはニュートンとライプニッツが微積分を創ってから1世紀以上も後のことで，実数がきちんと定義されたのはそれからさらに100年近くも経ってからである．だから微積分の最初が学生にとって難しいのは当然である．叙述が歴史順と逆であるということもあり，また証明の間の息抜きということも考慮して，ところどころ節の終りに歴史に関する記事を付けておいた．歴史的なことを調べるにあたって，特に次の本が良い参考になった．

    W. R. R. Ball： A Short Account of the History of Mathematics

    C. B. Boyer： A History of Mathematics

    C. B. Boyer： The History of the Calculus and its Canceptual Development

    C. H. Edwards： The Historical Development of the Calculus

    F. Klein： Vorlesungen über die Entwicklung der Mathematik in

19. Jahrhundert

D. E. Smith： A Source Book in Mathematics

D. J. Struik： A Source Book in Mathematics, 1200-1800

小堀　憲： 数学の歴史 V，18世紀の数学，共立出版

吉田耕作： 数学の歴史 IX，解析学 I，共立出版

　微積分の基礎理論を学ぶには，1変数の場合を確実に理解しさえすれば多変数の場合でも読者は容易に対応できるものと思い，当初は1変数の場合だけで完結する予定でいた．しかし，本書の作業が進むにつれて多変数の場合についても読者に述べてみたい題材があることに気付いた．もし機会があれば本書の続編というべきものを考えてみたいと思っている．

　終わりに，いつものことながら 裳華房の細木周治氏の御指摘で読み易くなるように変えたところがあることを付記してここで一言お礼を申し上げたい．

2000年3月

　　　　　　　　　　　　　　　　　　　　　　小 林 昭 七

目　次

第1章　実数と収束

1. 自然数 …………………………………………… 2
2. 整数 ……………………………………………… 2
3. 有理数 …………………………………………… 3
4. 実数 ……………………………………………… 5
5. 数列と収束 ……………………………………… 11
6. 実数の完備性 …………………………………… 19
7. 級数 ……………………………………………… 23

第2章　関　数

1. 連続関数 ………………………………………… 36
2. 三角関数 ………………………………………… 47
3. 逆三角関数 ……………………………………… 54
4. 指数関数 ………………………………………… 58
5. 対数関数 ………………………………………… 65
6. 双曲線関数 ……………………………………… 70
7. 複素数 …………………………………………… 76
8. 代数学の基本定理 ……………………………… 80
9. 有理関数の標準形 ……………………………… 90

目　次　vii

第3章　微　分

1. 直線とその勾配 …………………………………… 100
2. 微分 ………………………………………………… 101
3. 微分の基本的性質 ………………………………… 109
4. 三角関数の微分 …………………………………… 116
5. 指数関数と対数関数の微分 ……………………… 124
6. 定数 e について …………………………………… 128
7. 高次の微分 ………………………………………… 130
8. 微分とグラフ ……………………………………… 133
9. 平均値定理とロピタルの法則 …………………… 139
10. テイラー展開 ……………………………………… 151

第4章　積　分

1. 原始関数(不定積分) ……………………………… 162
2. 部分積分 …………………………………………… 168
3. 有理関数の積分 …………………………………… 171
4. 定積分 ……………………………………………… 177
5. テイラー展開(積分の形の剰余項) ……………… 184
6. 広義の積分 ………………………………………… 194
7. 関数列の微分と積分 ……………………………… 203
8. 関数項級数, べき級数 …………………………… 210
9. 複素べき級数 ……………………………………… 218

索　引 ………………………………………………… 222

第1章　実数と収束

微積分を始める前に準備として数列の収束の概念を理解しなければならない．そして収束を論じるには実数とは何かということをはっきりさせておく必要がある．実数も収束も直観的には既に知っていることであるが，厳密な定義なしには基本的定理は何も証明できない．この章では実数と収束について詳しく説明する．多くの読者にとっては見慣れない概念が数多くでてくるこの章が一番難しいかもしれないので，証明は非常に丁寧にしておいた．

1. 自然数

子供のときから知っている $1, 2, 3, 4, \cdots$ のような数を**自然数**とよぶ．自然数の集合(集り)は natural number の頭文字をとって **N** という記号で表わされる：

$$\mathbf{N} = \{1, 2, 3, 4, \cdots\}.$$

0 もこの集合の仲間に入れてもよさそうだが 通常入れない．

2つの自然数 m と n の "和 $m+n$，積 $m \cdot n$" は共に自然数である．例えば，$3+4 = 7$，$3 \times 4 = 12$．集合論の記号で書けば

$$m, n \in \mathbf{N} \text{ ならば } \quad m+n, \ m \cdot n \in \mathbf{N}.$$

しかし，差 $m-n$，商 $\dfrac{m}{n}$ は自然数とは限らない．例えば，$3-7$ や $\dfrac{3}{7}$ は自然数ではない．

2. 整数

自然数だけ考えたのでは小さな数から大きい数を引くことができない．そこで自然数と $0, -1, -2, -3, \cdots$ も含めて**整数**を考える．整数の集合は通常 **Z** という記号で表わされる：

$$\mathbf{Z} = \{\cdots, -4, -3, -2, -1, 0, 1, 2, 3, 4, \cdots\}.$$

整数は英語で integer，フランス語で (nombre) entier，ドイツ語では ganze Zahl だが，数学では I を区間 $[0,1]$ の記号として使うことも多いので，Zahl の頭文字をとって **Z** としたのではないかと思われる．

2つの整数 m, n の "和 $m+n$，差 $m-n$，積 $m \cdot n$" は整数である．記号で書けば

$$m, n \in \mathbf{Z} \text{ ならば } \quad m+n, \ m-n, \ m \cdot n \in \mathbf{Z}.$$

しかし，商 $\dfrac{m}{n}$ は $\dfrac{3}{7}$ のように整数とは限らない．

3. 有理数

整数の割り算も自由に行うためには考える数の範囲を $\frac{3}{7}$ や $-\frac{3}{7}$ のような正,負の分数にまで拡げる必要がある.小学校では分数とよんでいたこのような数を数学者は**有理数**とよぶ.これは rational number の rational の日常的な意味「合理的な」とか「理性を有する」をとった訳であろうが これは一種の誤訳で,比 (ratio) の意味で 比数とでもすべきであった.ついでだが,古代ギリシャでは分数 $\frac{3}{7}$ を数としてでなく,3 対 7 という 比として考えていた.

2 つの有理数 a, b の "和 $a+b$,差 $a-b$,積 $a \cdot b$,商 $\frac{a}{b}$" はまた有理数となる.もちろん商 $\frac{a}{b}$ は b が 0 でないときだけ定義される.($\frac{a}{b}$ を c と書くと $a=bc$ だから,もし $b=0$ なら $a=0$ でなければならず,$a=bc$ は $0=0 \times c$ となり,これはどのような数 c に対しても成り立つので,c が定まらないことになる.) 有理数の集合を **Q** と書く(記号 **R** は後で説明するように実数の集合に使われる).考える数の範囲を拡げることによって 初めて加減乗除 がすべて可能になる.

m, n を整数とするとき,有理数 $\frac{m}{n}$ には次の 3 つの場合が考えられる.

(1) $\frac{6}{3}=2$ のように割り切れて実際は整数である.

(2) $\frac{3}{2}=1.5$ のような整数ではないが あるところで割り算が終り,小数展開が途中で終る.

(3) $\frac{22}{7}=3.142857142857\cdots\cdots$ のように小数展開がいつまでも続く.

（1）の場合は特に説明すべきこともないから，（2）の場合を考えてみる．m を整数とするとき，$\dfrac{m}{2}$ は割り切れて整数になるか，小数点以下は $.5$ で終る．$\dfrac{m}{2^2}$ は整数か小数点以下は $.5$ か $.25$ で終る．一般に m を 2 のべきで割ると $\dfrac{m}{2^k}$ も整数か，小数点以下あるところで終る．同様に $\dfrac{m}{5^l}$ も整数か，小数点以下あるところで終ることがわかる．さらに $\dfrac{m}{2^k 5^l}$ も整数か，小数点以下あるところで終る．逆に，m と n が共通の約数をもたない整数のとき，$\dfrac{m}{n}$ が小数点以下あるところで終るのは n が $2^k 5^l$ の形をしているときに限ることがわかる．($\dfrac{21}{14}$ のように共通の約数 7 をもっていると，このようなことはいえない．） 例えば，$\dfrac{m}{n}=3.1416$ とすると

$$\frac{m}{n}=\frac{31416}{10^4}=\frac{3927\times 2^3}{2^4\times 5^4}=\frac{3927}{2\times 5^4}$$

となる．

（3）の場合，上の $\dfrac{22}{7}$ を例にとって右の図式に示したところまで計算すると，余りがまず 1，次に 3, 2, 6, 4, 5，そして再び余りが 1 となったところから同じ割り算の繰り返しとなるので 142857 の繰り返しとなる．7 で割ったとき余りは $1, 2, \cdots, 6$ のどれかだから，7 回割り算をしているうちには同じ余りが 2 回ででてくるはずである．これは 7 に限らず，$m\div n$ を計算すると余りは $1, 2, \cdots, n-1$ のどれかである．（余りが 0 になったらそこで小数展開は終る．） だから割り算を n 回やっている中に同じ余りが必ず 2 回（以上）でてきて，小数展開はそこから循環（循環小数という）することになる．

```
         3.142857
    7)22
      21
      ──
      10
       7
      ──
       30
       28
       ──
        20
        14
        ──
         60
         56
         ──
          40
          35
          ──
           50
           49
           ──
            1
```

逆に
$$5.12434343\cdots\cdots$$
のように あるところから循環する小数は有理数であることを説明しよう．
$$5.124343\cdots = 5.12 + 0.004343\cdots$$
と分けて考える．5.12 は $\dfrac{512}{100}$ だから有理数である．だから $0.004343\cdots$ の部分だけ考えればよい．
$$0.004343\cdots = 0.0043\Big(1 + \frac{1}{100} + \frac{1}{10000} + \cdots\Big)$$
とすれば（　）内は簡単な幾何級数[1]でその和は
$$1 + \frac{1}{100} + \frac{1}{100^2} + \cdots = \frac{1}{1-\dfrac{1}{100}} = \frac{100}{99}$$
となり有理数，$0.0043 = \dfrac{43}{10000}$ も有理数．したがって，$0.004343\cdots$ も有理数であることがわかる．

　整数や小数点以下あるところで割り切れる分数 $\dfrac{m}{n}$ もそこから先は 0 が繰り返されていると考えれば，有理数とは循環小数にほかならないことになる．

4. 実数

実数の直観的説明

　実数（real number）とは何か ということを数学的に厳密に説明するのは手間もかかるし難しい．数学者になろうという人は一度は通らなければならない関門であるが，ここで実数論を丁寧に述べたのでは他の読者は本書が目

---

1)　幾何級数については，この章の **7** 節で詳しく述べる．

的とする肝心の微積分のところに到達する前に嫌になってしまうであろう．大抵の読者は体験的に実数とはどのような数か漠然とは知っているであろう．まず実数の間には通常の"加減乗除と大小関係"があってそれらが当然満たすべき条件を満たしていることも承知しているだろうから，それらを改まって公理として述べても大方の読者は「何を今さらくどくどと」と退屈に思うだけであろう．前節で説明した有理数の間に既にそれら加減乗除と大小関係があるのだから，実数は有理数とどのように違うのだろうか．前節で説明したように有理数は分数（2つの整数 m, n の商 $\frac{m}{n}$）として与えられたが，それを小数に直すと途中から循環する（あるところで割り切れて 000… となる場合も循環していると考える）．例えば，

$$1.011001110001111000001\cdots\cdots$$

（次は 1 が 5 個並んだ後，0 が 5 個というように続く）

のようにどこまでいっても循環しない小数は有理数ではないが，このような数も実数の仲間に入れるのである．どこまでいっても循環しない小数を**無理数**（irrational number）とよぶが，有理数と無理数をまとめて**実数**とよぶのである．また，実数の集合を **R** と書き表わす．

古代ギリシャでは当初 数として自然数（正の整数），そして自然数の比として正の有理数だけを考えていたが，一辺 1 の正方形の対角線の長さとして自然に現われる $\sqrt{2}$ のような数が有理数でないことに気が付いて戸惑ったのである．$\sqrt{2}$ が有理数でないという証明は有名だが念のため説明しておく．$\sqrt{2}$ が有理数だと仮定して矛盾を導く．もし有理数だとすると

$$\sqrt{2} = \frac{m}{n} \qquad (m, n \text{ は自然数})$$

と書ける．m と n は公約数がないように約しておく（$\frac{6}{4}$ なら $\frac{3}{2}$ としておくということである）．上の式の両辺を 2 乗して n^2 倍すれば

$$2n^2 = m^2$$

となる．左辺が偶数だから右辺の m^2 も偶数，したがって m も偶数である．すなわち，m は自然数 k の2倍，$m = 2k$ である．よって

$$2n^2 = m^2 = (2k)^2 = 4k^2.$$

両辺を 2 で割って

$$n^2 = 2k^2.$$

$2k^2$ は偶数だから n も偶数でなければならない．m と n は公約数をもたないとしたのに，両方とも 2 で割り切れることになって矛盾である．よって，$\sqrt{2}$ は有理数でない．

図 4.1

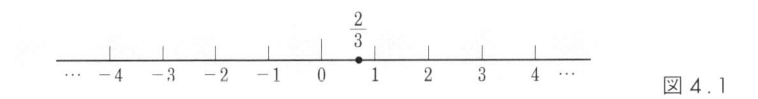

図 4.1 のように直線上に，整数に対応して等間隔に $\cdots, -4, -3, -2, -1, 0, 1, 2, 3, 4, \cdots$ と目盛りを付ける．さらに $\frac{2}{3}$ のように有理数に対応する点も印を付ける．すべての有理数に対応して印を付けることは実際には不可能だが頭の中でその状態を想像する．そうすると，直線上に有理数点がぎっしり並んでしまう．しかし有理数だけで隙間なく直線がぎっしり詰まってしまうわけではない．$\sqrt{2}$ のような無理数に対応するところがまだ空いているはずである．直線上の有理数に対応する点にすべて印を付けた後に残った隙間を埋めるのが無理数の直観的な意味である．このように実数を全部考えることにより，直線が隙間なく詰まってしまうということを，この後にもう少し数学的にきちんと述べる．

上界・下界,上限・下限

実数全部の集合を $\mathbf{R}$, S を $\mathbf{R}$ の部分集合とする.S のすべての元 s ($s \in S$) に対して $a \leq s$ となる実数 a があれば a を S の**下界**(lower bound)とよぶ.下界は存在するとは限らないが,存在するとき S は**下に有界**(bounded from below)であるという.同様にすべての $s \in S$ に対して $s \leq b$ となる実数 b があれば,S は**上に有界**(bounded from above)であるといい,b を S の**上界**とよぶ.

例えば,S を $s^2 \leq 2$ となる有理数の集合とする.$\sqrt{2}, 2, 100$ など,$\sqrt{2}$ および $\sqrt{2}$ より大きい数はすべて S の上界であり,S は上に有界である.また $-\sqrt{2}, -3$ など,$-\sqrt{2}$ および $-\sqrt{2}$ より小さい数はすべて S の下界で,S は下にも有界である(図 4.2).

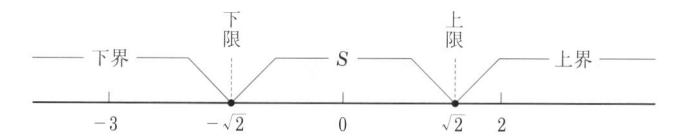

図 4.2 S は $-\sqrt{2}$ と $\sqrt{2}$ の間の有理数の集合だから $-\sqrt{2}$ も $\sqrt{2}$ も含まれていないし,間にも $\sqrt{2}/2$ など S に入っていない数は無数にある.

自然数の集合 $\mathbf{N} = \{1, 2, 3, \cdots\}$ は下に有界(例えば負の数はすべて $\mathbf{N}$ の下界)であるが上には有界でない.

部分集合 $S \subset \mathbf{R}$ が下に有界であるとき,S の下界の中で最大の数を**下限**(greatest lower bound)とよぶ.同様に S が上に有界であるとき,最小の上界を S の**上限**(least upper bound)とよぶ.部分集合が下[または上]に有界なとき,下限[または上限]が存在するかどうかは一般に明らかではないが,必ず存在するというのが $\mathbf{R}$(実数の集合)と $\mathbf{Q}$(有理数の集合)を区別する性質である.

再び例として
$$S = \{ s \in \mathbf{Q} \,;\, s^2 \leq 2 \}$$
をとってみる．$\sqrt{2}$ が S の上界のうちで最小のもの，すなわち上限である．同様に $-\sqrt{2}$ が S の下限である．しかし，$\sqrt{2}, -\sqrt{2}$ は有理数ではないから，有理数 $\mathbf{Q}$ の範囲では S の上限や下限は存在しない．実数まで含めて考えることにより上限，下限の存在がいえるのである．以上のことを定理としてもう一度述べておく．

定理 1 部分集合 $S \subset \mathbf{R}$ が下に有界なら S の下限が，上に有界なら S の上限が存在する．

S の下限を $\inf(S)$ とか g.l.b.(S)，上限を $\sup(S)$ とか l.u.b.(S) と書く．inf は **inf**imum, sup は **sup**remum, g.l.b. は **g**reatest **l**ower **b**ound, l.u.b. は **l**east **u**pper **b**ound の略である．

直観的には定理は正しそうなので，この本ではこの定理をあたかも公理であるかのように証明なしで認めることにする．証明するためにはまず実数の定義をきちんとする必要があり，既に述べたように，それは余りにも手数がかかるからである．

実数の定義の概要

ここでは実数をどう定義するかということを非常に大雑把に説明しておく（これは後で使うわけでないから理解できなくても構わない）．1 つの方法はデデキント（Dedekind）による**切断**（cut）という考えを使う伝統的な方法である．有理数のことは知っているとして実数を作るのであるが，1 つの有理数 r が与えられると有理数の集合 $\mathbf{Q}$ は r を境にして 2 つの集合 A, B に次のようにして分けられる：

(4.1) $\qquad A = \{ a \in \mathbf{Q} \,;\, a \leq r \}, \qquad B = \{ b \in \mathbf{Q} \,;\, r < b \}.$

図 4.3

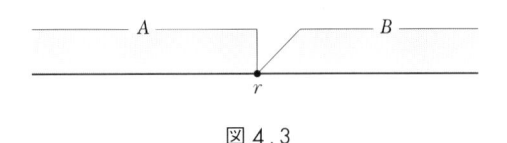

ここで，r を A の方に入れたが，B の方に入れるように定義しても差支えない．大切なのは，

(i) $\mathbf{Q}$ は A と B の和集合で，A と B に共通部分がない．

(ii) A のすべての元 a と B のすべての元 b の間に 常に大小関係 $a < b$ が成り立つ．

ということである．$\mathbf{Q}$ を条件 (i) と (ii) を満たすように A, B に二分することを切断とよび，(A, B) と書く．各有理数 r は (4.1) により切断 (A, B) を定義する．この切断では A には最大数がある，すなわち r である．しかし B には最小数はない（r は B の下限であるが，B には入っていない）．定義 (4.1) で A を $a < r$ で，B を $r \leq b$ で定義しても切断が得られ，この場合には B に最小数 r があるが，A には最大数がない．我々はこの 2 つの切断を本質的には同じものとみなす．

一般に，(A, B) を有理数の集合の任意の切断とする．すなわち，(A, B) は上の条件 (i), (ii) を満たすが，必ずしも有理数を境目にして分けたものとは限らない．そのとき次の 3 つの場合がある：

(1) A に最大数があり，B に最小数がない．

(2) A に最大数がなく，B に最小数がある．

(3) A に最大数がなく，B に最小数がない．

(2) の場合には B の最小数を A に移せば (1) の場合になるから，(1) と (2) は本質的には異ならない．そして (1) の場合には切断 (A, B) は A の最大数 r によって定義された切断である．したがって (1) と (2) の場合には，切断 (A, B) とそれに対応する（すなわち A, B の境目にある）有理数 r は同じものだと思ってよい．

有理数に対応しない切断，すなわち（3）の場合の切断が存在することを例を使って説明する．B を $b^2 \geq 2$ となるような正の有理数の集合とする：
$$B = \{b \in \mathbf{Q}\,;\, b > 0,\ b^2 \geq 2\}.$$
そして，それ以外の有理数の集合を A とすれば，(A, B) は切断の条件（ⅰ），（ⅱ）を満たす．A と B の境目にある $\sqrt{2}$ は有理数でないから A にも B にも属さないので，A に最大数がなく，B に最小数がない．一般に，（3）の場合の切断 (A, B) そのものを 1 つの無理数と考えるのである．

これは，直線上に印を付けた有理数の隙間を埋めるものとして無理数を定義する，ということをきちんと遂行したのである．

有理数の集合と無理数の集合を合わせた集合 $\mathbf{R}$ を実数の集合と定義するが，2 つの切断の間の加減乗除と大小関係を定義して，上の定理を証明するのは手間のかかることである．

実数を定義する現代的な方法は，$\mathbf{Q}$ の元 r, s の間の距離 $d(r, s)$ を $d(r, s) = |r - s|$ と定義し，$\mathbf{Q}$ を距離空間と考え，$\mathbf{Q}$ の完備化として $\mathbf{R}$ を定義するのである．トポロジーの一般論を知っていればこれが一番手っ取り早い方法である．

5. 数列と収束

数列（sequence of numbers）とは $a_1, a_2, a_3, \cdots$ と続く数の列である．（本来ならば距離空間の点列として考えるべきなのだが，トポロジーの一般論に頁数を費すのはこの本の目的に反するので，ここでは距離空間として実数直線だけを考える．）

数列 $a_1, a_2, a_3, \cdots$ の n 番目の元 a_n を一般項と考え，数列 $\{a_n\}$ と書くこともある．数列 $a_1, a_2, a_3, \cdots$ の部分集合を同じ順に並べたものを **部分列**（subsequence）とよぶ．部分列を表わすのに $a_{j_1}, a_{j_2}, a_{j_3}, \cdots$ のような記号

を使うことが多いが，これは次のように理解すべきである．j は自然数の集合 $\mathbf{N}$ から $\mathbf{N}$ への写像で，1 を j_1；2 を j_2；3 を j_3；… に対応させ，$j_1 < j_2 < j_3 < \cdots$ という条件を満たすものである．例えば，数列

(5.1) $\quad 0,\ \dfrac{1}{2},\ \dfrac{2}{3},\ \dfrac{3}{4},\ \dfrac{4}{5},\ \dfrac{5}{6},\ \cdots\cdots \qquad \left(a_n = 1 - \dfrac{1}{n}\right)$

に対し $j : \mathbf{N} \to \mathbf{N}$ として $j_1 = 2,\ j_2 = 4,\ j_3 = 6,\ \cdots$ を選べば

$$a_{j_1} = a_2, \quad a_{j_2} = a_4, \quad a_{j_3} = a_6, \quad a_{j_4} = a_8, \quad \cdots\cdots$$

だから，j で定義される部分列は

(5.2) $\quad \dfrac{1}{2},\ \dfrac{3}{4},\ \dfrac{5}{6},\ \dfrac{7}{8},\ \cdots\cdots$

である．

収束

数列 $\{a_n\}$ が n が大きくなるに従って，ある数 α に限りなく近付くときに，$\{a_n\}$ は α に **収束**（convergent）するといい，α を数列 $\{a_n\}$ の **極限**（limit）とよぶ．これを記号では

(5.3) $\quad \displaystyle\lim_{n \to \infty} a_n = \alpha \quad$ とか $\quad a_n \to \alpha \quad (n \to \infty)$

と書いたりする．

例えば，数列 (5.1) とその部分列 (5.2) は 1 に収束する．一般に数列 $\{a_n\}$ が α に収束すれば，その部分列 $\{a_{j_n}\}$ はすべて α に収束することは明らかである．

$n \to \infty$ のとき，a_n も限りなく大きくなっていくとき，数列 $\{a_n\}$ は ∞ に **発散**（divergent）するといい，

$$\lim_{n \to \infty} a_n = \infty \quad \text{とか} \quad a_n \to \infty \quad (n \to \infty)$$

と書く．

$$\lim_{n \to \infty} a_n = -\infty \quad \text{または} \quad a_n \to -\infty \quad (n \to \infty)$$

も同様に定義される．

一般項が
$$a_n = \frac{1}{2}\{n + (-1)^n n\} + (-1)^n \frac{n-1}{n}$$
で与えられる数列を具体的に書いてみると次のようになる：

(5.4)
$$0, \quad 2 + \frac{1}{2}, \quad -\frac{2}{3}, \quad 4 + \frac{3}{4}, \quad -\frac{4}{5}, \quad 6 + \frac{5}{6}, \quad -\frac{6}{7}, \quad \cdots\cdots.$$

この数列は収束もしなければ $\pm\infty$ に発散[1]もしない．しかし部分列

(5.5) $\quad 0, \quad -\dfrac{2}{3}, \quad -\dfrac{4}{5}, \quad -\dfrac{6}{7}, \quad \cdots\cdots$

は -1 に収束し，部分列

(5.6) $\quad 2 + \dfrac{1}{2}, \quad 4 + \dfrac{3}{4}, \quad 6 + \dfrac{5}{6}, \quad \cdots\cdots$

は ∞ に発散する[1]．

数列 (5.1), (5.2), (5.5) では第2項は第1項よりも，第3項は第2項よりも，一般に第 $n+1$ 項は第 n 項よりも極限に近いが，数列の収束は

(5.7) $\quad \dfrac{1}{2}, \quad -1, \quad \dfrac{1}{4}, \quad -\dfrac{1}{3}, \quad \dfrac{1}{6}, \quad -\dfrac{1}{5}, \quad \cdots \to 0$

のように極限に近付いたり離れたりしながら極限に近付いてもよいのである．そして極限の片側から近付く必要はないのである．すなわち，$\lim\limits_{n\to\infty} a_n = a$ とは，$n \to \infty$ のときに $|a_n - a| \to 0$ となることであるが，$|a_1 - a| > |a_2 - a| > |a_3 - a| > \cdots$ となっている必要はないのである．

コーシー列

数列 $\{a_n\}$ がどこに収束しているかわからないが，どこかに収束しているというようなことを論じるときにはコーシー（Cauchy）列という概念が

---

[1] $\{a_n\}$ が $\pm\infty$ に発散していてもいなくても，どこにも収束しないとき，$\{a_n\}$ は発散するというときもある．

重要である．m と n が限りなく大きくなるにつれて $|a_m - a_n|$ が 0 に近付く，すなわち $\lim_{m,n\to\infty} |a_m - a_n| = 0$ となるとき，$\{a_n\}$ は**コーシー列**（Cauchy sequence）であるという．ここで $m, n \to \infty$ の意味は，m と n が<u>互いに無関係に</u> ∞ にいくという意味である．

例えば，第 n 項が

(5.8) $$a_n = 1 + \frac{1}{2} + \frac{1}{3} + \cdots + \frac{1}{n}$$

で与えられる数列の場合，$n \to \infty$ のとき $|a_{n+1} - a_n| = \left|\dfrac{1}{n+1}\right| \to 0$ である．同様に $|a_{n+2} - a_n| \to 0$，$|a_{n+3} - a_n| \to 0$，$\cdots$ である．しかしこの数列はコーシー列ではない．なぜなら，いかに大きい n に対しても，さらにずっと大きい m を次のように選べば $|a_m - a_n| > \dfrac{1}{2}$ となるからである．いま与えられた n に対し $n \leq 2^k$ となるように整数 k をとり，$m = n + 2^k$ とすれば

$$n + 1 < n + 2 < \cdots < m = n + 2^k \leq 2^k + 2^k = 2^{k+1}$$

だから，

$$\frac{1}{n+1} > \frac{1}{n+2} > \cdots > \frac{1}{m} > \frac{1}{2^{k+1}}.$$

したがって，

$$a_m - a_n = \frac{1}{n+1} + \frac{1}{n+2} + \cdots + \frac{1}{m}$$
$$> \underbrace{\frac{1}{2^{k+1}} + \frac{1}{2^{k+1}} + \cdots + \frac{1}{2^{k+1}}}_{m - n = 2^k \text{ 個}} = 2^k \times \frac{1}{2^{k+1}} = \frac{1}{2}$$

となる．

数列 $\{a_n\}$ がある数 α に収束していればコーシー列であることは明らかであるが，逆にコーシー列は何かある数に収束することを後で説明する．

収束の厳密な定義

収束やコーシー列の定義で「n が限りなく大きくなると，$|a_n - \alpha|$ が 0 に近付く」とか「m, n が限りなく大きくなると，$|a_m - a_n|$ が 0 に近付く」という表現を使ったが，これは直観的にわかりやすい代りに「近付く」という意味をはっきりさせるためくどくど説明したり，「$m, n \to \infty$ は m と n が互いに無関係に ∞ にいく」ということだなどと説明を加える必要があった．しかし「互いに無関係に」という意味を説明するのは容易でない．結局，次のような一見難しそうな定義の方が曖昧な点が残らずすっきりしているのである．そこでは"無限大 ∞"とか"限りなく"という表現はでてこない．

数列 $\{a_n\}$ が α に収束するとは，任意の正数 ε (イプシロン) に対し自然数 N が存在して，すべての $n \geq N$ に対し

$$|a_n - \alpha| < \varepsilon$$

となることである．

直観的ないい方に近付けるために，「任意の $\varepsilon > 0$」の代りに「どんなに小さい $\varepsilon > 0$」といったり，「自然数 N が存在して」の代りに「十分大きな自然数 N をとれば」といったりもする．また言葉の代りに論理学の記号を使い，

(5.9) $\qquad \forall \varepsilon > 0, \quad \exists N; \quad |a_n - \alpha| < \varepsilon, \quad \forall n \geq N$

と書くこともある．$\forall$ は Any, All の A, $\exists$ は Exist の E を逆さにした記号である．記号で書いたときの語順は英語の

For any(または every) $\varepsilon > 0$, there exists N such that $|a_n - \alpha| < \varepsilon$ for all $n \geq N$

に合わせてある．また任意に与えられた小さい数を表わすのにギリシャ文字 ε を使うのも長い間の習慣である．

「$n \to \infty$ のとき $a_n \to \alpha$」式の収束の直観的定義で用がたりるときはそれでよい．例えば，$n \to \infty$ のとき数列 $\left\{a_n = 1 - \dfrac{1}{n}\right\}$ が 1 に収束するのは明らかで，そのようなときにもわざわざ「$\forall \varepsilon > 0$ に対し，$N > \dfrac{1}{\varepsilon}$ となるように自然数をとれば

$$|a_n - 1| = \left|1 - \frac{1}{n} - 1\right| = \left|\frac{1}{n}\right| < \frac{1}{N} < \varepsilon, \qquad \forall n \geq N$$

となるから $a_n \to 1$」とする必要はないであろう．しかし後に（例えば，第2章 (1.8)）体験するように「$\forall \varepsilon > 0, \exists N \cdots$」式の議論を使わないと満足のいく証明ができない場合がある．だからこの議論の仕方をもう少し説明しておく．

まず「$n \to \infty$ のとき $a_n \to \alpha$」では n が先にでてくるが，「$\forall \varepsilon > 0, \exists N \cdots$」では ε が先に与えられる点に注意すべきである．ε に応じて N を見つけるのである．$\{a_n\}$ が α に収束するということは，

「こんなに小さい ε（例えば $1/10^4$）でも $|a_n - \alpha| < \varepsilon$ となりますか」

と問われたとき，

「この位大きい N（例えば 10^8）をとれば，<u>N 以上の n</u> に対しては $|a_n - \alpha| < \varepsilon$ となることを保証しますよ」

といえるということである．

不等式 $|a_n - \alpha| < \varepsilon$ は $\alpha - \varepsilon < a_n < \alpha + \varepsilon$ と同じことであるから，$\{a_n\}$ が α に収束するということは，α を含むどんなに狭い区間 $(\alpha - \varepsilon, \alpha + \varepsilon)$ を指定しても n が大きくなれば，対応する a_n はすべてこの区間に入ってしまう，ということである（次のページの図 5.1 参照）．すなわち最初の有限個，例えば $a_1, a_2, \cdots, a_{N-1}$ についてはわからないが，それ以外の a_n すなわち $a_N, a_{N+1}, a_{N+2}, \cdots$ はすべてこの区間 $(\alpha - \varepsilon, \alpha + \varepsilon)$ に入るということである．

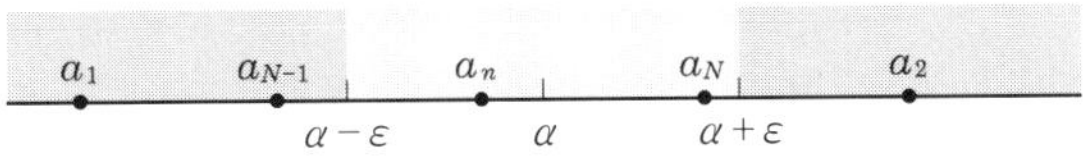

5. 数列と収束

```
   a₁       a_{N-1}     aₙ         a_N        a₂
───●─────────●──────┼───●────┼─────●──────────●───
                   a-ε       α    α+ε
```

図 5.1

別の見方をすれば，$\{a_n\}$ が α に収束しないということは，「十分に小さい $\varepsilon > 0$ をとってくれば いかに大きい N をとっても $|a_n - \alpha| < \varepsilon$ が成り立たない（すなわち，$|a_n - \alpha| \geq \varepsilon$ となる）ような $n \geq N$ がある」ということである．これを (5.9) のように記号で書くと，$\{a_n\}$ が α に収束しないということは

(5.10) $\quad \exists \varepsilon > 0 ; \quad \forall N, \exists n \geq N, \quad |a_n - \alpha| \geq \varepsilon$

となる．

$\{a_n\}$ が ∞ に発散するということを同じように数学的にきちんというと，「与えられた $M > 0$ に対して自然数 N が存在して，すべての $n \geq N$ に対して $a_n > M$ となる」ということになる．もう少し直観的な感じをだすようにいうと，「いかに大きい $M > 0$ に対しても十分大きい自然数 N をとれば，$n \geq N$ なるすべての n に対し $a_n > M$ となる」である．記号では

(5.11) $\quad \forall M > 0, \exists N ; \quad a_n > M, \quad \forall n > N$

ということになる．

収束の定義の仕方を良く理解してしまえばコーシー列の定義も難しくない．$\{a_n\}$ がコーシー列であるとは，「与えられた $\varepsilon > 0$ に対し，自然数 N が存在して，$m, n \geq N$ となるすべての m, n に対し $|a_m - a_n| < \varepsilon$ となる」ことである．記号では

(5.12) $\quad \forall \varepsilon > 0, \exists N ; \quad |a_m - a_n| < \varepsilon, \quad \forall m, n \geq N$

となる．

コーシー列は必ず収束することは次節で証明する（**6** 節の定理 2）．

微積分は17世紀に始まるが，その基礎にある実数が厳密に定義されたのは19世紀になってからである．Dedekind (1831 - 1916) は切断により実数を定義した論文「連続性と無理数」(1872年)の序文で「1858年に初めてチューリッヒで微積分を教えることになったが，上に有界な単調増加数列が収束するという定理[1]の証明は幾何学的直観に頼らざるを得なかった．教育的立場からも，また時間的制約という面からもそれは有効で必要だが，私はそれに不満で数学的にきちんとした証明を見つけるまで考えてみようと決心した．」という意味のことを述べている．

　微積分の基礎に早くから不満をもったのはチェコのプラハで司祭として一生を送った Bolzano (1781 - 1848) で，上に有界な集合には上限があるという定理[2]やコーシー列は収束するという定理[3]を正確に述べている．しかし，実数の厳密な定義にまでは到達しなかったので証明は完全でなかった．ボルツァーノの仕事は広く知られることなく，後に Cauchy (1789 - 1857) に再発見されることになったが，コーシーも実数を定義することができなかった．**4** 節で説明したようにデデキントは切断 (A, B) そのものを実数と考えることにより実数の構成に成功したのである．同じ頃，Weierstrass (1815 - 1897) や Cantor (1845 - 1918) も有理数から成るコーシー列そのものを実数と考えることにより実数を構成したのであるが，これは **4** 節の最後に触れたように，距離空間を完備化するという考え方にほかならない．コーシーは実数をコーシー列の極限として定義しようとしたので，論理的に空まわりしてしまったのである．

　結局，本書では **4** 節の定理1を直観的に理解し承認してもらって収束と極限を論じたので，厳密さはボルツァーノ並みである．

　「任意の $\varepsilon > 0$ に対し，十分大きい N があって…」という収束の定義を始めたのもボルツァーノで，それを普及させたのはコーシーである．

---

1)　**6** 節の定理3． 　　2)　**4** 節の定理1． 　　3)　**6** 節の定理2．

6. 実数の完備性

ボルツァーノ・ワイヤシュトラスの定理

4節で説明したように，直線上の有理数点の隙間をすっかり埋めることにより実数の集合 **R** を得た．その結果，上に〔または下に〕有界な実数の集合 $S \subset \mathbf{R}$ には上限 $\sup(S)$〔または下限 $\inf(S)$〕が存在することを示した．このことを使って**ボルツァーノ・ワイヤシュトラスの定理**（theorem of Bolzano‐Weierstrass）とよばれる次の定理を証明する．

定理 1 $\{a_n\}$ が閉区間 $[A_1, B_1]$（区間 $A_1 \leq x \leq B_1$ のこと）の中の実数列ならば，$\{a_n\}$ の適当な部分列は区間 $[A_1, B_1]$ の中の実数に収束する．

証明 区間 $[A_1, B_1]$ の中点 C_1 をとり，2 つの閉区間 $[A_1, C_1]$ と $[C_1, B_1]$ に分けると，少なくともどちらかの区間は $\{a_n\}$ の元を無限にたくさん含む．その区間を $[A_2, B_2]$ と書く（図 6.1）．（$[A_1, C_1]$ も $[C_1, B_1]$ も $\{a_n\}$ の元を無限にたくさん含むときはどちらを $[A_2, B_2]$ としてもよい．）次に，$[A_2, B_2]$ をその中点で二分して，$\{a_n\}$ の元を無限に含む方を選び それを $[A_3, B_3]$ とする．これを続けると

$$A_1 \leq A_2 \leq A_3 \leq \cdots\cdots \leq B_3 \leq B_2 \leq B_1,$$

$$B_n - A_n = \frac{1}{2^{n-1}}(B_1 - A_1).$$

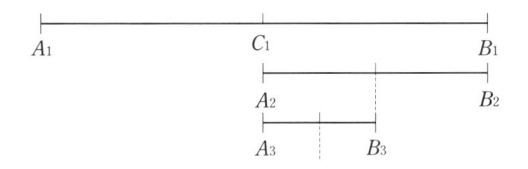

図 6.1

$A_1, A_2, A_3, \cdots$ は上に有界だから上限 $\sup\limits_n A_n$ がある．それを α と書く．$B_1, B_2, B_3, \cdots$ は下に有界だから下限 $\inf\limits_n B_n$ がある．それを β と書く．すべての B_n は $A_1, A_2, A_3, \cdots$ の上界で α は最小の上界だから，すべての B_n に対し $\alpha \leq B_n$．したがって，α は $B_1, B_2, B_3, \cdots$ の下界である．β は最大の下界だから $\alpha \leq \beta$．した

がって，すべての n に対して
$$A_n \le \alpha \le \beta \le B_n$$
が成り立つ．一方，$\lim_{n\to\infty}(B_n - A_n) = \lim_{n\to\infty}\dfrac{1}{2^{n-1}}(B_1 - A_1) = 0$ だから $\alpha = \beta$ でなければならない．

次に，α に収束するような $\{a_n\}$ の部分列をとりだすには，まず $a_{j_1} = a_1$ とする．次に，$[A_2, B_2]$ に入るような $\{a_n\}$ の a_1 以後の最初の元を a_{j_2} とする．その次は $[A_3, B_3]$ に入るような $\{a_n\}$ の a_{j_2} 以後の最初の元を a_{j_3} とする．このようにして部分列 $a_{j_1}, a_{j_2}, a_{j_3}, \cdots$ をとりだせば，一般に a_{j_n} は区間 $[A_n, B_n]$ に入っている．すなわち，$A_n \le a_{j_n} \le B_n$ がすべての n に対して成り立つ．与えられた $\varepsilon > 0$ に対し
$$B_N - A_N = \dfrac{1}{2^{N-1}}(B_1 - A_1) < \varepsilon$$
となるように N を十分大きくとれば，$n \ge N$ なる n に対しては もちろん $B_n - A_n < \varepsilon$．また，$A_n \le \alpha \le B_n$，$A_n \le a_{j_n} < B_n$ だから
$$|a_{j_n} - \alpha| \le B_n - A_n < \varepsilon.$$
収束の定義によれば，これは部分列 $\{a_{j_n}\}$ が α に収束することを意味する． ◇

この定理はトポロジーの本では「閉区間 $[A_1, B_1]$ はコンパクトである」という形で述べてある．

コーシー列と収束性

収束する数列 $\{a_n\}$ はコーシー列である．実際，$\alpha = \lim_{n\to\infty} a_n$ なら，与えられた $\varepsilon > 0$ に対し十分大きい自然数 N をとれば
$$|a_n - \alpha| < \varepsilon, \quad \forall n \ge N$$
である．したがって，整数 $m, n \ge N$ に対し，
$$|a_m - a_n| = |a_m - \alpha + \alpha - a_n| \le |a_m - \alpha| + |\alpha - a_n|$$
$$< \varepsilon + \varepsilon = 2\varepsilon.$$
これは $\{a_n\}$ がコーシー列であるということにほかならない．（コーシー列

の定義 (5.12) では $|a_m - a_n| < \varepsilon$, $\forall m, n \geq N$ と書いてあったが,ここでは $|a_m - a_n| < 2\varepsilon$ なので違うではないかと思うなら,N を選ぶときもっと大きくとって $n \geq N$ に対し $|a_n - \alpha| < \dfrac{\varepsilon}{2}$ になるようにしておけばよい.しかし,こういう議論では,ε が任意に与えられた小さい数であるのだから 2ε でも 3ε でも やはりいくらでも小さくできる,というように理解することが大切である.)

収束する数列がコーシー列であることの証明では実数の深い性質を使っていないが,その逆は 例えば有理数の範囲では成り立たない.例えば,$\sqrt{2}$ の小数展開 $1.41421356\cdots$ に対し,$a_1 = 1$, $a_2 = 1.4$, $a_3 = 1.41$, $a_4 = 1.414$, $a_5 = 1.4142$, $a_6 = 1.41421\cdots$ と数列 $\{a_n\}$ を考える.このようにして定義された小数 a_n は小数点以下 n 桁目から 0 だから有理数である.$\{a_n\}$ がコーシー列であることは明らかであろう.形式的に証明するには与えられた ε に対し,$\dfrac{1}{10^{N-1}} < \varepsilon$ となるように十分大きい N をとり,$m, n \geq N$ とする.例えば,$m \geq n$ とする(a_5 と a_6 を例にとって考えるとよい).a_n は小数点以下 n 桁目から 0 で,a_m は小数点以下 $n-1$ 桁までは a_n と一致するから

$$|a_m - a_n| < \frac{1}{10^{n-1}} \leq \frac{1}{10^{N-1}} < \varepsilon$$

である(例えば $|a_6 - a_5| = 0.00001 < \dfrac{1}{10^4}$).このように $\{a_n\}$ はコーシー列であるが,$\sqrt{2}$ は無理数なので有理数には収束しないのである.収束するためには考える数の範囲を実数まで拡げなければならない.

定理 2 実数列 $\{a_n\}$ がコーシー列ならば ある実数に収束する.

証明 まず $\{a_n\}$ が有界であることを証明する.コーシー列の定義において $\varepsilon = 1$ をとると十分大きい N をとれば,$m, n \geq N$ なる m, n に対し $|a_m - a_n| <$

1 となる. $n = N$ とすれば $m \geq N$ なる m に対し $|a_m - a_N| < 1$ である. すなわち,

$$(*) \quad |a_m| < |a_N| + 1, \quad \forall m \geq N$$

を得る. そこで, $|a_1|, |a_2|, \cdots, |a_{N-1}|, |a_N| + 1$ の中の最大数を A とすれば, $(*)$ により A は $|a_1|, |a_2|, \cdots, |a_N|$ だけでなく $|a_{N+1}|, |a_{N+2}|, \cdots$ も含めて すべての $|a_n|$ の上界になっている. したがって $\{a_n\}$ は閉区間 $[-A, A]$ 内の数列である.

ボルツァーノ・ワイヤシュトラスの定理により 適当な部分列が閉区間 $[-A, A]$ 内の ある数 α に収束する. 元の数列 $\{a_n\}$ 自身が α に収束することを証明する. $\{a_n\}$ はコーシー列だから, 与えられた $\frac{\varepsilon}{2} > 0$ に対し十分大きい N をとれば, $m, n \geq N$ なる m, n に対し

$$|a_m - a_n| < \frac{\varepsilon}{2}$$

となる. 一方, α に収束している部分列から適当な元 a_m で, $m \geq N$ であると同時に $|a_m - \alpha| < \frac{\varepsilon}{2}$ となるものを 1 つ選ぶ (収束の定義から そのような元の存在は明らか). そうすれば, $n \geq N$ のとき

$$|a_n - \alpha| = |a_n - a_m + a_m - \alpha| \leq |a_n - a_m| + |a_m - \alpha|$$
$$< \frac{\varepsilon}{2} + \frac{\varepsilon}{2} = \varepsilon.$$

したがって, $\{a_n\}$ は α に収束する. ◇

この定理はトポロジーの本には「実数の集合 **R** は完備な距離空間である」という形で述べてある.

4 節で実数を説明したとき, デデキントの切断を使って実数を定義すれば「下に〔または上に〕有界な部分集合 $S \subset \mathbf{R}$ は下限〔または上限〕をもつ」という定理 1 が成り立つことを非常に大雑把に説明した. そして, その定理を認めた上でボルツァーノ・ワイヤシュトラスの定理を証明し, その結果として上の定理を導いたのである.

4節の終りに距離空間としての $\mathbf{Q}$ の完備化として $\mathbf{R}$ を定義できることを述べたが，その場合には上の定理2は自明となる．

定理3 単調増加数列 $a_1 \leq a_2 \leq a_3 \leq \cdots$ 〔単調減少数列 $a_1 \geq a_2 \geq a_3 \geq \cdots$〕が収束するための必要十分条件は上に〔下に〕有界なことである．

証明 $a_1 \leq a_2 \leq a_3 \leq \cdots$ が A に収束すれば すべての n に対し $a_n \leq A$ である．（もし ある n に対し $A < a_n$ ならば，$A < a_n \leq a_{n+1} \leq a_{n+2} \leq \cdots$ だから $\{a_n\}$ は A に収束しない．）

逆に，$a_1 \leq a_2 \leq a_3 \leq \cdots$ が上に有界なら，4節の定理1より上限 A が存在する．次に $\{a_n\}$ が A に収束することを証明する．すべての a_n に対して $a_n \leq A$ である．上限の定義から，任意の $\varepsilon > 0$ に対し ある a_N は $A - \varepsilon < a_N \leq A$ となる．（でなければ $A - \varepsilon$ が上界になってしまう．）$\{a_n\}$ は単調増加だから，$n \geq N$ となる n に対し $A - \varepsilon < a_n \leq A$ となる．これで $\{a_n\}$ が A に収束することが証明された．

$\{a_n\}$ が単調減少の場合も同様である． ◇

7. 級数

数列 $u_1, u_2, u_3, \cdots$ の和 $\sum_{k=1}^{\infty} u_k$ を**級数**（series）とよぶが，まず無限に多くの数の和とは何かということを説明する必要がある．

$$(7.1) \quad \begin{cases} s_1 = u_1, \\ s_2 = u_1 + u_2, \\ s_3 = u_1 + u_2 + u_3, \\ \cdots\cdots\cdots\cdots \\ s_n = u_1 + u_2 + \cdots + u_n = \sum_{k=1}^{n} u_k \\ \cdots\cdots\cdots\cdots \end{cases}$$

とおいて これら**部分和** $s_1, s_2, s_3, \cdots, s_n, \cdots$ のつくる数列 $\{s_n\}$ が収束するとき，その極限 $\lim_{n\to\infty} s_n$ を $\sum_{k=1}^{\infty} u_k$ と定義するのである．部分和の数列 $\{s_n\}$ が収束しなければ $\sum_{k=1}^{\infty} u_k$ は定義されない．$\{s_n\}$ が収束するとき $\sum_{k=1}^{\infty} u_k$ が**収束**(convergent)するといい，そうでないときは**発散**(divergent)するという．

数列 $\{s_n\}$ が収束するための必要十分条件はコーシー列であることであった(**6**節の定理2)．それは $m, n \to \infty$ のとき $|s_n - s_m| \to 0$ ということである．正確にいうと，任意の $\varepsilon > 0$ に対し十分大きな自然数 N をとれば，$m, n > N$ に対し $|s_n - s_m| < \varepsilon$ となるということである．$n > m$ とすれば，$s_n - s_m = u_{m+1} + \cdots + u_n$ だから次の定理が成り立つ．

定理1 級数 $\sum_{k=1}^{\infty} u_k$ が収束するための必要十分条件は，$m, n \to \infty$ のとき $|u_{m+1} + \cdots + u_n| \to 0$ となることである．正確にいうと，任意の $\varepsilon > 0$ に対し自然数 N があって，$m, n > N$ ならば

$$|u_{m+1} + \cdots + u_n| < \varepsilon$$

となることである．

特に，$m = n - 1$ とすれば次の系が得られる．

系 級数 $\sum_{k=1}^{\infty} u_k$ が収束するためには，$n \to \infty$ のとき $u_n \to 0$ となることが必要である．

例えば，級数

(7.2) $$\frac{1}{2} + \frac{2}{3} + \frac{3}{4} + \cdots + \frac{n}{n+1} + \cdots\cdots$$

は $n \to \infty$ のとき $u_n = \dfrac{n}{n+1} \to 1$ だから収束しない．

また，$u_n \to 0$ は必要条件であって十分ではない．例えば，級数

(7.3) $\quad \dfrac{1}{2} + \underbrace{\dfrac{1}{4} + \dfrac{1}{4}}_{2\text{個}} + \underbrace{\dfrac{1}{8} + \dfrac{1}{8} + \dfrac{1}{8} + \dfrac{1}{8}}_{4\text{個}} + \cdots$

$$\cdots + \underbrace{\dfrac{1}{2^k} + \dfrac{1}{2^k} + \cdots + \dfrac{1}{2^k}}_{2^{k-1}\text{個}} + \cdots$$

は $u_n \to 0$ だが収束しない．

次の定理は収束の定義からほとんど明らかであろう．

定理 2 級数 $\sum_{k=1}^{\infty} u_k$ が s に，$\sum_{k=1}^{\infty} v_k$ が t に収束するならば，

（ i ） $\sum_{k=1}^{\infty}(u_k + v_k)$ は $s + t$ に収束する．すなわち，

$$\sum_{k=1}^{\infty}(u_k + v_k) = \sum_{k=1}^{\infty} u_k + \sum_{k=1}^{\infty} v_k.$$

（ ii ） 任意の実数 c に対し，$\sum_{k=1}^{\infty} cu_k$ は cs に収束する．すなわち，

$$\sum_{k=1}^{\infty} cu_k = c \sum_{k=1}^{\infty} u_k.$$

証明 任意の $\varepsilon > 0$ に対し十分大きな N' をとれば，すべての $n \geq N'$ に対し

$$\left| \sum_{k=1}^{n} u_k - s \right| < \dfrac{\varepsilon}{2}$$

となる．同様に，十分大きな N'' をとれば，すべての $n \geq N''$ に対し

$$\left| \sum_{k=1}^{n} v_k - t \right| < \dfrac{\varepsilon}{2}$$

となる．N を N' と N'' の大きい方とすれば，すべての $n \geq N$ に対し

$$\left| \sum_{k=1}^{n}(u_k + v_k) - (s + t) \right| = \left| \sum_{k=1}^{n} u_k - s + \sum_{k=1}^{n} v_k - t \right|$$

$$< \dfrac{\varepsilon}{2} + \dfrac{\varepsilon}{2} = \varepsilon$$

となる．（上の式では有限個の項の足し算，引き算だから 順番を自由に変えてよいのである．） これで（ i ）が証明された．（ ii ）の証明も同様である． ◇

正項級数の収束と収束判定法

もし級数 $\sum_{k=1}^{\infty} |u_k|$ が収束すると,$m, n \to \infty$ のとき $|u_{m+1}| + \cdots + |u_n| \to 0$ だから当然 $u_{m+1} + \cdots + u_n \to 0$. したがって $\sum_{k=1}^{\infty} u_k$ も収束する.

$\sum_{k=1}^{\infty} |u_k|$ が収束するとき,$\sum_{k=1}^{\infty} u_k$ は**絶対収束**(absolutely convergent)するという.収束するが絶対収束しないときは**条件収束**(conditionally convergent)するという.例については後に述べる.

定理3 すべての k に対して $u_k \geq 0$ ならば,級数 $\sum_{k=1}^{\infty} u_k$ が収束するための必要十分条件は,適当な数 $K > 0$ をとれば,
$$s_n = u_1 + \cdots + u_n < K$$
がすべての n に対して成り立つことである.すなわち部分和の数列 $\{s_n\}$ が上に有界なことである.

証明 $\{s_n\}$ は単調増加,すなわち $s_1 \leq s_2 \leq s_3 \leq \cdots$ であるから,**6**節の定理3により $\{s_n\}$ が収束するのは $\{s_n\}$ が上に有界なとき,そしてそのときに限る.
$\diamondsuit$

収束性の判定に有効なのは収束性の知られている級数と比較する方法である.

定理4 (i) 定数 $C > 0$ があって,すべての n について $0 \leq v_n \leq Cu_n$ のとき 級数 $\sum_{k=1}^{\infty} u_k$ が収束するならば,級数 $\sum_{k=1}^{\infty} v_k$ も収束する.

(ii) $0 \leq Cu_n \leq v_n$ が成り立ち $\sum_{k=1}^{\infty} u_k$ が発散するならば,$\sum_{k=1}^{\infty} v_k$ も発散する.

証明 これは前の定理3の簡単な応用である。$s_n = u_1 + \cdots + u_n$, $t_n = v_1 + \cdots + v_n$ とおく。

(ⅰ) $\{s_n\}$ は上に有界で K を上界とすれば、CK が $\{t_n\}$ の上界である。

(ⅱ) もし $\sum_{k=1}^{\infty} v_k$ が収束すれば $\{t_n\}$ が有界で K をその上界とすれば、$\dfrac{K}{C}$ が $\{s_n\}$ の上界となり $\sum_{k=1}^{\infty} u_k$ も収束することになってしまう。 ◇

次の系は特に有用である。

系 $u_n, v_n > 0$ で、$\lim_{n \to \infty} \dfrac{v_n}{u_n}$ が存在して 0 でないとすると、$\sum_{k=1}^{\infty} u_k$ が収束〔発散〕すれば $\sum_{k=1}^{\infty} v_k$ も収束〔発散〕する。

証明 $L = \lim_{n \to \infty} \dfrac{v_n}{u_n} > 0$ とおく。十分大きい N をとれば、$n > N$ に対して $0 < \dfrac{v_n}{u_n} \leq 2L$。定数 C を $2L, \dfrac{v_1}{u_1}, \cdots, \dfrac{v_N}{u_N}$ のすべてより大きくとれば、$0 < v_n \leq Cu_n$ がすべての n に対して成り立つ。定理4により $\sum_{k=1}^{\infty} u_k$ が収束すれば $\sum_{k=1}^{\infty} v_k$ も収束する。

逆(すなわち発散の場合)の証明は u_n と v_n を入れ換えて議論すればよい。 ◇

次に**比率判定法**(ratio test)について述べる。

定理5 $u_n, v_n > 0$ とし、N を自然数とする。すべての $n \geq N$ に対し、

(ⅰ) $\qquad \dfrac{v_{n+1}}{v_n} \leq \dfrac{u_{n+1}}{u_n}$

が成り立つ場合には、$\sum_{k=1}^{\infty} u_k$ が収束すれば $\sum_{k=1}^{\infty} v_k$ も収束する。

(ⅱ) $\qquad \dfrac{v_{n+1}}{v_n} \geq \dfrac{u_{n+1}}{u_n}$

が成り立つ場合には、$\sum_{k=1}^{\infty} u_k$ が発散すれば $\sum_{k=1}^{\infty} v_k$ も発散する。

証明 （i）の場合，$n > N$ に対し

$$v_n = \frac{v_{N+1}}{v_N}\frac{v_{N+2}}{v_{N+1}}\cdots\frac{v_n}{v_{n-1}}v_N \leq \frac{u_{N+1}}{u_N}\frac{u_{N+2}}{u_{N+1}}\cdots\frac{u_n}{u_{n-1}}v_N = \frac{v_N}{u_N}u_n$$

だから $\dfrac{v_N}{u_N} = C$ として定理4を使えばよい．（ii）の場合も同様． ◇

これらの定理の使い方を説明する．簡単な掛け算で

$$(1 + r + r^2 + \cdots + r^n)(1 - r) = 1 - r^{n+1}$$

となる．$r \neq 1$ なら両辺を $1 - r$ で割って

$$(7.4) \qquad 1 + r + r^2 + \cdots + r^n = \frac{1 - r^{n+1}}{1 - r} \qquad (r \neq 1).$$

$|r| < 1$ ならば $\lim\limits_{n\to\infty} r^{n+1} = 0$ だから，上の等式で $n \to \infty$ として

$$(7.5) \qquad \sum_{k=0}^{\infty} r^k = 1 + r + r^2 + \cdots + r^n + \cdots = \frac{1}{1 - r} \qquad (|r| < 1)$$

を得る．この級数は**幾何級数**（geometric series）とよばれる．$|r| > 1$ ならばこの級数は発散する．

定理4で $u_n = r^n$ とおけば次の結果を得る．

定理6 適当な定数 $C > 0$ と $0 < r < 1$ に対し，$0 \leq v_n \leq Cr^n$ がある N より大きいすべての n に対し成り立てば，$\sum\limits_{k=1}^{\infty} v_k$ は収束する．

特に，$\lim\limits_{n\to\infty} v_n^{\frac{1}{n}}$ が存在して $\lim\limits_{n\to\infty} v_n^{\frac{1}{n}} < 1$ なら，$\sum\limits_{k=1}^{\infty} v_k$ は収束する．

これは**コーシーの判定法**（Cauchy's criterion）として知られている．

定理5において，$u_n = r^n$ として次の定理を得る．

定理7 $v_n > 0$ で，$\dfrac{v_{n+1}}{v_n} \leq r < 1$ がある N より大きいすべての n に対して成り立てば，$\sum\limits_{k=1}^{\infty} v_k$ は収束する．

特に，$\lim\limits_{n\to\infty}\dfrac{v_{n+1}}{v_n}$ が存在して $\lim\limits_{n\to\infty}\dfrac{v_{n+1}}{v_n} < 1$ なら，$\sum\limits_{k=1}^{\infty} v_k$ は収束する．

7. 級　数

これは**ダランベールの判定法**(d'Alembert's criterion)とよばれる．

上の2つの定理において，$\lim_{n\to\infty} v_n^{\frac{1}{n}} > 1$ または $\lim_{n\to\infty} \frac{v_{n+1}}{v_n} > 1$ ならば，$\sum_{k=1}^{\infty} v_k$ が発散することは明らかである．

これらの定理の応用として次の例を考える．

級数 $\sum_{n=0}^{\infty} \frac{r^n}{n!}$ も $\sum_{n=0}^{\infty} \frac{r^n}{n^n}$ もすべての $-\infty < r < \infty$ に対して絶対収束する．

最初の級数は，$n \to \infty$ のとき $\frac{|v_{n+1}|}{|v_n|} = \frac{|r|}{n+1} \to 0$ だから絶対収束．2番目の級数は，$n \to \infty$ のとき $|v_n|^{\frac{1}{n}} = \frac{|r|}{n} \to 0$ だから絶対収束する．

幾何級数のほかに判定用に使える級数 $\{u_n\}$ の例を1つ挙げる．

$$u_n = \frac{1}{n(n+1)\cdots(n+p)}$$
$$= \frac{1}{p}\left\{\frac{1}{n(n+1)\cdots(n+p-1)} - \frac{1}{(n+1)(n+2)\cdots(n+p)}\right\}$$

(p は自然数)の第1項から n 項までの部分和は

$$s_n = \sum_{k=1}^{n} \frac{1}{k(k+1)\cdots(k+p)}$$
$$= \frac{1}{p}\left\{\frac{1}{1\cdot 2\cdots p} - \frac{1}{(n+1)(n+2)\cdots(n+p)}\right\}$$

だから，$n \to \infty$ のとき収束して

$$(7.6) \qquad \sum_{n=1}^{\infty} \frac{1}{n(n+1)\cdots(n+p)} = \frac{1}{p \cdot p!} \qquad (p \geq 1)$$

を得る．これを使って級数

$$(7.7) \qquad \sum_{n=1}^{\infty} \frac{1}{n^p} \qquad (p \geq 2)$$

が収束することを証明する．正確には (7.6) において p を1つずらした

$\sum_{n=1}^{\infty} \dfrac{1}{n(n+1)\cdots(n+p-1)}$ ($p \geq 2$) が収束することを使う．

$$u_n = \frac{1}{n(n+1)\cdots(n+p-1)}, \qquad v_n = \frac{1}{n^p}$$

として定理 4 を使っても定理 5 を使ってもよい．

$$\begin{cases} \dfrac{u_{n+1}}{u_n} = \dfrac{n}{n+p}, \\ \dfrac{v_{n+1}}{v_n} = \left(\dfrac{n}{n+1}\right)^p = \dfrac{1}{\left(1+\dfrac{1}{n}\right)^p} \leq \dfrac{1}{1+\dfrac{p}{n}} = \dfrac{n}{n+p} \end{cases}$$

だから，定理 5（ⅰ）により $p \geq 2$ のとき $\sum \dfrac{1}{n^p}$ も収束する．第 4 章の **6** 節では定積分を使う判定法を用いてもっと良い結果をだす．

絶対収束

(7.7) で $p=1$ の場合，すなわち $\sum_{n=1}^{\infty} \dfrac{1}{n}$ の収束性を考える前に次の**ディリクレの定理**(theorem of Dirichlet)を証明する．

定理 8 絶対収束する級数 $\sum_{k=1}^{\infty} u_k$ の和は足し算の順に無関係である．

証明 順番を並べ替えた級数を $\sum_{k=1}^{\infty} u_k'$ とする．まず $u_k \geq 0$ の場合を考える．$s = \sum_{k=1}^{\infty} u_k$, $t_n = u_1' + \cdots + u_n'$ とおく．t_n はいくつかの u_k の和だから $t_n \leq s$．したがって t_n は収束して，$\sum_{k=1}^{\infty} u_k' = \lim_{n \to \infty} t_n \leq s = \sum_{k=1}^{\infty} u_k \cdots$ ①．$\sum_{k=1}^{\infty} u_k$ と $\sum_{k=1}^{\infty} u_k'$ の役割を入れ換えて議論すれば $\sum_{k=1}^{\infty} u_k \leq \sum_{k=1}^{\infty} u_k'$ を得るから①と併せて $\sum_{k=1}^{\infty} u_k = \sum_{k=1}^{\infty} u_k'$ となる．

一般の場合には v_k, w_k を次のように定義する．$u_k \geq 0$ なら $v_k = u_k$, $w_k = 0$；$u_k < 0$ なら $v_k = 0$, $w_k = -u_k$ とおく．u_k' に対しても同様 v_k', w_k' を定義

する．$\sum_{k=1}^{\infty} v_k'$ は $\sum_{k=1}^{\infty} v_k$ の，$\sum_{k=1}^{\infty} w_k'$ は $\sum_{k=1}^{\infty} w_k$ の並べ替えだから $\sum_{k=1}^{\infty} v_k = \sum_{k=1}^{\infty} v_k'$，$\sum_{k=1}^{\infty} w_k = \sum_{k=1}^{\infty} w_k'$．定義から $\sum_{k=1}^{\infty} u_k = \sum_{k=1}^{\infty} (v_k - w_k)$，$\sum_{k=1}^{\infty} u_k' = \sum_{k=1}^{\infty} (v_k' - w_k')$．定理2を使えば

$$\sum_{k=1}^{\infty} u_k = \sum_{k=1}^{\infty} (v_k - w_k) = \sum_{k=1}^{\infty} v_k - \sum_{k=1}^{\infty} w_k$$
$$= \sum_{k=1}^{\infty} v_k' - \sum_{k=1}^{\infty} w_k' = \sum_{k=1}^{\infty} (v_k' - w_k') = \sum_{k=1}^{\infty} u_k'. \qquad \diamond$$

さて，**調和級数**(harmonic series)

(7.8) $$\sum_{n=1}^{\infty} \frac{1}{n}$$

は発散することを証明する．収束すると仮定して $s = \sum_{n=1}^{\infty} \frac{1}{n}$ と書き矛盾を導く．定理8により足す順番を変えてよいから

$$s = 1 + \frac{1}{2} + \frac{1}{3} + \frac{1}{4} + \cdots$$
$$= \left(1 + \frac{1}{3} + \frac{1}{5} + \cdots\right) + \frac{1}{2}\left(1 + \frac{1}{2} + \frac{1}{3} + \cdots\right)$$
$$= \left(1 + \frac{1}{3} + \frac{1}{5} + \cdots\right) + \frac{1}{2}s.$$

両辺から $\frac{1}{2}s$ を引いて $\frac{1}{2}s = 1 + \frac{1}{3} + \frac{1}{5} + \cdots$．すなわち

$$\frac{1}{2} + \frac{1}{4} + \frac{1}{6} + \cdots = 1 + \frac{1}{3} + \frac{1}{5} + \cdots.$$

しかし $\frac{1}{2} < 1$, $\frac{1}{4} < \frac{1}{3}$, $\frac{1}{6} < \frac{1}{5}$, $\cdots$ だから矛盾である．これも後で定積分を使う判定法で証明し直す．調和級数も $n \to \infty$ のとき $u_n = \frac{1}{n} \to 0$ だが収束しない級数 $\sum u_n$ の例である．

次に，$a_1 > a_2 > a_3 > \cdots > 0$ で $n \to \infty$ のとき，$a_n \to 0$ ならば級数

(7.9) $$a_1 - a_2 + a_3 - a_4 + \cdots$$

は収束することを証明する．$s_n = a_1 - a_2 + a_3 - \cdots + (-1)^{n-1}a_n$ とおけば図 7.1 から明らかなように
$$s_2 < s_4 < s_6 < \cdots < s_5 < s_3 < s_1$$
だから，$\{s_1, s_3, s_5, \cdots\}$ は単調減少で $s_2, s_4, s_6, \cdots$ 等を下界として下に有界だから収束して，$\lim_{n\to\infty} s_{2n+1} \geq s_{2k}$ となる．同様に，$\{s_2, s_4, s_6, \cdots\}$ は単調増加で $s_1, s_3, s_5, \cdots$ を上界として上に有界だから収束して，$\lim_{n\to\infty} s_{2n} \leq s_{2k+1}$ となる．したがって $\lim_{n\to\infty} s_{2n} \leq \lim_{n\to\infty} s_{2n+1}$．一方，$n \to \infty$ のとき $s_{2n+1} - s_{2n} = a_{2n+1} \to 0$ だから，この 2 つの極限は一致しなければならない．

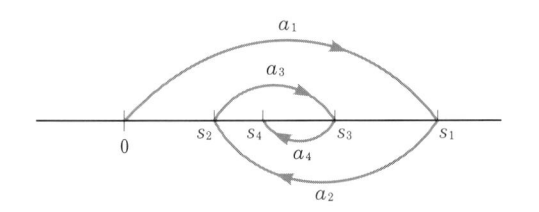

図 7.1

このような級数の一番簡単な例は**交代調和級数**(alternating harmonic series)

(7.10)　　　$1 - \dfrac{1}{2} + \dfrac{1}{3} - \dfrac{1}{4} + \cdots$

である．(7.8) の級数 $1 + \dfrac{1}{2} + \dfrac{1}{3} + \dfrac{1}{4} + \cdots$ は発散するから，(7.10) は条件収束するが絶対収束はしない．(7.10) の極限 s が $\log 2$ であることは第 4 章の **5** 節で証明する．

(7.10) において足し算の順を変えると和が変わってしまうことを証明する．(7.10) で正の項 2 つの次は負の項 1 つとなるように並べ替えてみると

(7.11)　　　$1 + \dfrac{1}{3} - \dfrac{1}{2} + \dfrac{1}{5} + \dfrac{1}{7} - \dfrac{1}{4} + \dfrac{1}{9} + \dfrac{1}{11} - \dfrac{1}{6} + \cdots\cdots$．

(7.10) の最初の $2n$ 項の和 s_{2n} と (7.11) の最初の $3n$ 項の和 t_{3n} を較べる．

(7.10) の最初の $2n$ 項は正の項が n 個，負の項が n 個で，それらは (7.11) の最初の $3n$ 項の中に現われる．(7.11) の最初の $3n$ 項はそのほかに次の n 項を含む：
$$\frac{1}{2n+1},\quad \frac{1}{2n+3},\quad \cdots,\quad \frac{1}{2n+2n-1}.$$
したがって
$$t_{3n} = s_{2n} + \frac{1}{2n+1} + \frac{1}{2n+3} + \cdots + \frac{1}{4n-1}.$$
$$\frac{n}{4n-1} < \frac{1}{2n+1} + \frac{1}{2n+3} + \cdots + \frac{1}{4n-1} < \frac{n}{2n+1}$$
だから

(7.12) $\qquad s_{2n} + \dfrac{n}{4n-1} < t_{3n} < s_{2n} + \dfrac{n}{2n+1}$

となる．ここで $n \to \infty$ として，$s = \lim\limits_{n\to\infty} s_{2n}$ とおく．また，
$$1 + \frac{1}{3} > \frac{1}{2} > \frac{1}{5} + \frac{1}{7} > \frac{1}{4} > \frac{1}{9} + \frac{1}{11} > \frac{1}{6} > \cdots$$
だから，$t = \lim\limits_{n\to\infty} t_{3n}$ も存在する．したがって (7.12) で $n \to \infty$ とすると
$$s + \frac{1}{4} \leq t \leq s + \frac{1}{2}$$
を得る．これで (7.10) と (7.11) は異なる数に収束することがわかった．因みに積分の方法を使えば
$$\frac{1}{2n+1} + \frac{1}{2n+3} + \cdots + \frac{1}{4n-1}$$
$$= \frac{1}{2n}\left(\frac{1}{1+\dfrac{1}{2n}} + \frac{1}{1+\dfrac{3}{2n}} + \cdots + \frac{1}{1+\dfrac{2n-1}{2n}} \right)$$
は $n \to \infty$ のとき
$$\frac{1}{2}\int_0^1 \frac{1}{1+x}\,dx = \frac{1}{2}\log 2$$
に収束し，$t = \dfrac{3}{2}\log 2$ になることもわかる．

幾何級数の有限和の公式 (7.4) は Euclid（ユークリッド）(330 ? - 275 ? B.C.) の原論 IX 命題 35 である．そして Archimedes（アルキメデス）(287 ? - 212 B.C.) は放物線の弦と弧とで囲まれた面積を求める際に (7.5) の $r = \dfrac{1}{4}$ の場合，すなわち $\sum_{k=0}^{\infty} \left(\dfrac{1}{4}\right)^k = \dfrac{4}{3}$ を証明している[1]．中世は数学的には実りの少ない時代だったが，カンタベリー寺院の大監督 Bradwardine（ブラッドワーダイン）(1290 ? - 1349) や Calculator（計算家）の渾名で知られる Suiseth（スイセス）(1350 年頃の人) で代表されるオクスフォード学派はいろいろの級数の和を計算した．また，同時代の数学者では特に著名なフランスの Oresme（オレム）(1325 ? - 1382) は後にリシウの大聖堂の司教になった人だが，調和級数が発散することを証明している．(7.8) で与えた証明はオレムの証明である．交代調和級数 (7.10) の和が $\log 2$ になることはイタリヤの神父 Mengoli（メンゴリ）(1625 - 1686) によって証明された．しかし，級数の研究の大きな進歩は微積分が生まれた頃からである．

---

[1] 友人に宛てた「放物線の求積法」という手紙．正確にはアルキメデスは $\sum_{k=0}^{\infty}\left(\dfrac{1}{4}\right)^k$ が $\dfrac{4}{3}$ に等しくなることを直接証明せず，$\dfrac{4}{3}$ より大きくても小さくても矛盾することを証明している．

第2章　関　　数

　まず，一般の連続関数に関する基本的な定理を証明する．これらの定理は微積分の理論を展開するための基礎になる．次に初等関数をきちんと定義して，その性質を調べる．特に指数関数の定義域を有理数から実数にまで拡げる際には収束性や連続性に関する結果が重要な働きをする．すべての複素多項式には根があるという「代数学の基本定理」は微積分の多くの教科書では証明なしで述べられているが，ここでは二種類の証明を与える．

1. 連続関数

昔は $f(x) = x^2 + 3x + 1$ のように具体的に式で書ける関係だけを関数と考えていた．この式の x に実数 a（例えば $\frac{1}{2}$）を代入することにより，実数 $f(a)$（例えば $f\left(\frac{1}{2}\right) = \frac{11}{4}$）を得る．このように，式 $f(x)$ は $\mathbf{R}$ の元に $\mathbf{R}$ の元を対応させる．これが一般化されて，一般の集合 X の各元 x に実数 $f(x)$ を対応させる関係を，X 上の**関数**（function）とか，X で定義された関数 とよばれるようになった．$\mathbf{R}$ 上の関数でも必ずしも見慣れた式で表わされるとは限らない．例えば

(1.1) $\qquad f(x) = \begin{cases} 1 & (x \text{ が有理数のとき}), \\ 0 & (x \text{ が無理数のとき}) \end{cases}$

というように言葉でなければ表わせない関係でも関数と考えるのである．

しかし，微積分で扱う関数はそれほど一般ではなく，まず $\mathbf{R}$ で定義されているか，$\mathbf{R}$ の一部分，特に区間で定義されている関数で，しかも以下で説明する意味で連続な関数である．微積分の基礎理論はかなり一般な連続関数も含めて説明する方が便利だが，応用ではほとんど具体的な式で書ける関数だけを扱う．

さて，f を $\mathbf{R}$ または $\mathbf{R}$ の中の ある区間で定義された関数とする．（定義域をはっきり述べなくても状況からわかるとき，または定義域をはっきり知らなくても差支えないときは単に関数という．）x が点 a に近付くとき $f(x)$ が $f(a)$ に近付くならば，f は a において**連続**（continuous）であるという．一般に x が a に近付くとき，近付き方によらず $f(x)$ が一定の数 A に近付くなら，その A を $\lim_{x \to a} f(x)$ と書く．そうすると，f が a で連続ということは

(1.2) $\qquad \lim_{x \to a} f(x) = f(a)$

が成り立つということである．f がその定義域の各点で連続ならば，"f は連続である"という．

例 （1） 関数

(1.3) $\quad f(x) = \begin{cases} 0 & (x \neq 0), \\ 1 & (x = 0) \end{cases}$

のグラフは図1.1のようであるが，$x \neq 0$ のとき $f(x) = 0$ であるから $\lim_{x \to 0} f(x) = 0$ である．すなわち，$x \neq 0$ が0に近付くとき $f(x)$ は0に近付く．一方，$f(0) = 1$ と定義してあるからこの関数 f は $x = 0$ で連続でない．

図 1.1

（2） 関数

(1.4) $\quad f(x) = \begin{cases} 0 & (x < 0), \\ 1 & (x \geq 0) \end{cases}$

のグラフは図1.2のようであるが，x が負の方向から0に近付くと $f(x)$ は0に近付く．一方，$f(0) = 1$ だからこの関数も $x = 0$ で連続でない．しかし，x が正の方向から0に近付くときは，$f(x)$ は1に近付き $f(0)$ と等しいから，f は右から（または正の方向から）連続であるということもある． ◇

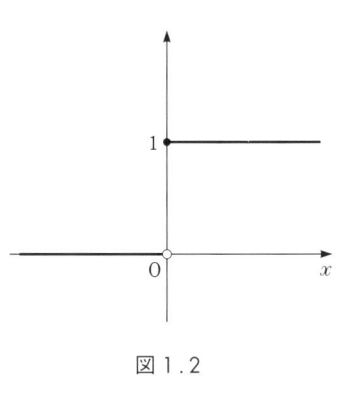

図 1.2

(1.1)で定義された関数が連続になるところはない．この関数のグラフは頭の中で想像するより仕方がないが，極限 $\lim_{x \to a} f(x)$ は存在しない．例えば，$a = 0$ として，$x = \dfrac{1}{2}, \dfrac{1}{4}, \dfrac{1}{6}, \dfrac{1}{8}, \cdots$ というように有理数をとびとびに0に近付ければ $f(x)$ は1に近付き，$x = \dfrac{\sqrt{2}}{2}, \dfrac{\sqrt{2}}{4}, \dfrac{\sqrt{2}}{6}, \cdots$ というように無理数をとびとびに0に近付ければ $f(x)$ は0に近付く．しかし，有理数を

通ったり無理数を通ったりしていけば，$f(x)$ は 1 になったり 0 になったりしてどちらに近付くともいえない．連続の定義において (1.2) は，$x \to a$ のとき都合の良い近付き方で等式が成り立っても駄目なのである．"どんな近付き方をしても"等式が成り立つというのが条件なのである．

連続関数の加減乗除と合成

連続な関数の簡単な例はいくらでもある．$f(x) = x$ が連続なことは明らかであろう．いろいろな関数を 1 つ 1 つとって連続であるかどうか定義に則って調べるのは非能率だから，まず次の定理を述べておく．

定理 1 f と g が $x = a$ で連続とすると，
（ i ） $f + g$ および $f - g$ も $x = a$ で連続である．
（ ii ） fg も $x = a$ で連続である．
（iii） $g(a) \neq 0$ なら $\dfrac{f}{g}$ も $x = a$ で連続である．

証明 一般に，$x \neq a$，$x \to a$ のとき，$f(x)$ が α に，$g(x)$ が β に近付くならば，$f \pm g$，fg，$\dfrac{f}{g}$（$\beta \neq 0$ とする）はおのおの $\alpha \pm \beta$，$\alpha\beta$，$\dfrac{\alpha}{\beta}$ に近付くことは明らか．f と g が $x = a$ で連続なら，定義により $\alpha = f(a)$，$\beta = g(a)$ だから，$f \pm g$，fg，$\dfrac{f}{g}$ は $f(a) \pm g(a)$，$f(a)g(a)$，$\dfrac{f(a)}{g(a)}$ に近付く． ◇

定値関数（いたるところで同じ値をとる関数）は明らかに連続，関数 $f(x) = x$ も連続．この 2 つの関数から 加，減，乗法によって多項式をつくれるから，定理 1 の(i)，(ii) により多項式は連続関数を定義する．$p(x), q(x)$ を多項式とするとき，$\dfrac{p(x)}{q(x)}$ を **有理関数**（rational function）とよぶが，分母 $q(x)$ が 0 になるところ以外で定義されていて，定理 1 の (iii) により，定義

されているところで連続である．例えば，$f(x) = \dfrac{1}{x}$ は $x \neq 0$ 以外で定義され，そこで連続である．そのグラフは図1.3のようになる．

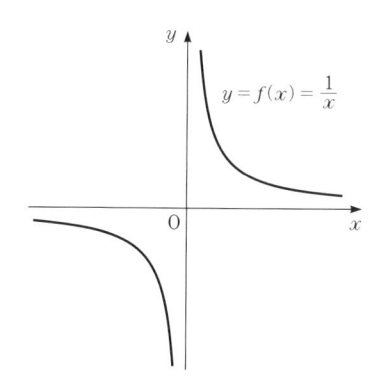

図1.3

これらの例からもわかるように，関数 f が $x = a$ で連続というのは，$y = f(x)$ のグラフが $x = a$ のところで切れていないということである．

関数の加減乗除のほかに，もう一つ大切なのは**合成**（composition）という構成である．$y = f(x)$ という関数と $z = g(y)$ という関数が与えられたとき，$z = g(f(x))$ という代入により新しい関数が得られる．これを $g \circ f$ と書く．すなわち，

(1.5) $\qquad (g \circ f)(x) = g(f(x))$.

例えば，

$$y = 1 - x^2, \qquad z = \sqrt{y}$$

を合成して

$$z = \sqrt{1 - x^2}$$

を得るが，ここで定義域について少し説明しておく．$y = 1 - x^2$ はすべての x で定義されている．一方，$z = \sqrt{y}$ は $y \geq 0$ の範囲で定義されている．（ここでは実数値だけ考えて，複素数は考えていない．）したがって，

合成した関数 $z = \sqrt{1-x^2}$ は $1-x^2 \geq 0$, すなわち $-1 \leq x \leq 1$ の範囲だけで定義される．このように，$g \circ f$ は $f(x)$ が g の定義域に入るような x に対してのみ定義される．以下，合成関数を考えるときには合成できる範囲だけで考えるが，いちいち定義域については断らない．もちろん $y = -1-x^2$ と $z = \sqrt{y}$ のように全く合成できない場合もある．

定理2 2つの連続関数 $y = f(x)$, $z = g(y)$ の合成 $z = (g \circ f)(x)$ は連続である．（もう少し詳しくいうと，f が $x = a$ で連続，そして g が $y = f(a)$ で連続ならば，$g \circ f$ は $x = a$ で連続である．）

証明 $x \to a$ のとき $f(x) \to f(a)$ で，$f(x) \to f(a)$ のとき $g(f(x)) \to g(f(a))$ だから，$g \circ f$ は a で連続である． ◇

ワイヤシュトラスの定理

連続関数に関する**ワイヤシュトラスの定理**（theorem of Weierstrass）を証明する．

定理3 閉区間 $a \leq x \leq b$ で連続な関数 f は この区間のどこかで最大値および最小値をとる．

証明をする前に例を使って定理の意味を説明する．関数 $f(x) = x^2$ は $-\infty < x < \infty$ で連続だが，開区間 $0 < x < 1$ の範囲だけで考えてみる．（区間の両端 $x = 0$ と $x = 1$ は除いてあることに注意．これが開区間と閉区間の違いである．）この関数のグラフは次のページの図1.4のようになる．$f(0) = 0$, $f(1) = 1$ であるが，$0 < x < 1$ の範囲では $0 < f(x) < 1$ で，$f(x)$ は0と1に限りなく近付くが，実際に0や1になることはない．しかし，$f(x) = x^2$ を閉区間 $0 \leq x \leq 1$ で考えれば，$x = 0$ で最小値 $f(0) = 0$ をとり，$x = 1$ で最大値 $f(1) = 1$ をとる．

1. 連続関数

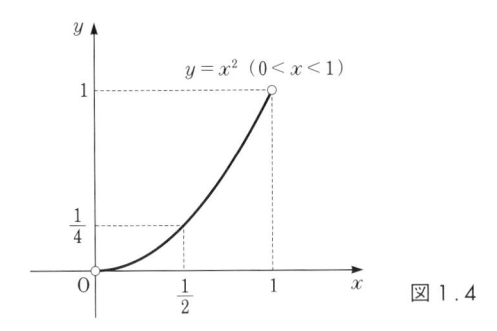

図1.4

関数 $f(x) = \dfrac{1}{x}$ は $x \neq 0$ 以外で連続だが，開区間 $0 < x < 1$ で考えてみる．x が 0 に近付くにつれて $f(x)$ は限りなく大きくなり，最大値どころか上に有界でさえもない．一般には最大値，最小値をとる点はいくつもある．極端な例として，定値関数はいたるところで相等しい最大値と最小値をとる．これで定理のいわんとするところはわかったと思うので証明に入る．

証明 まず上に有界であることを証明する．そうでないとして矛盾をだす．f が 1 より大きくなる点 x_1；2 より大きくなる点 x_2；一般に n より大きくなる点 x_n を区間 $a \leq x \leq b$ 内に選ぶ．第1章 **6** 節の定理1（ボルツァーノ・ワイヤシュトラスの定理）によれば，数列 $x_1, x_2, \cdots, x_n, \cdots$ の適当な部分列 $x_{j_1}, x_{j_2}, \cdots, x_{j_n}, \cdots$ は区間内のどこかの点 c に収束する（ここで閉区間という仮定を使った）．数列 $\{x_n\}$ のとり方から $f(x_n) > n$，したがって $\lim\limits_{n \to \infty} f(x_{j_n}) = \infty$ となるが，一方 f が c で連続だから これは $f(c)$ に等しくなければならないから矛盾である．したがって，$f(x)$ は上に有界である．

$a \leq x \leq b$ における $f(x)$ の値の集合 $V = \{f(x) ; a \leq x \leq b\}$ を考える．いま，V は上に有界であることを証明したばかりである．実数に関する基本的な第1章 **4** 節の定理1によれば上に有界な実数の集合 V には上限 $\sup(V)$ がある．この上限が $f(x)$ の最大値であることを証明する．$S = \sup(V)$ とおく．いかに小さい $\varepsilon > 0$ に対しても $f(x) > S - \varepsilon$ となるような x がある．（もしそうでないと，すべての x に対し，$f(x) \leq S - \varepsilon$ となり，$S - \varepsilon$ が V の上界の1つであ

ることになる．しかし，V の上限 S は V の上界の中で最も小さいものであるから矛盾である．）ε を $1, \dfrac{1}{2}, \dfrac{1}{3}, \dfrac{1}{4}, \cdots$ ととり，区間内の点 $x_1, x_2, x_3, x_4, \cdots$ を

$$f(x_1) > S - 1, \quad f(x_2) > S - \frac{1}{2}, \quad f(x_3) > S - \frac{1}{3},$$

$$f(x_4) > S - \frac{1}{4}, \quad \cdots\cdots$$

となるように選ぶ．再びボルツァーノ・ワイヤシュトラスの定理により，数列 $\{x_n\}$ の適当な部分列 $\{x_{j_n}\}$ は区間内の点 c に収束する．また，

$$\lim_{n\to\infty} f(x_{j_n}) \geq \lim_{n\to\infty} \left(S - \frac{1}{j_n} \right) = S.$$

S は $\{f(x); a \leq x \leq b\}$ の上限だから，もちろん $S \geq f(x_{j_n})$. したがって $S = \lim_{n\to\infty} f(x_{j_n})$. 一方，$f$ が c で連続だから $\lim_{n\to\infty} f(x_{j_n}) = f(c)$. よって $S = f(c)$.
これで S は上限であるだけでなく，実際に f が c でとる値であることがわかった．

関数 $-f$ の最大値は f の最小値だから，いま証明したことを $-f$ に適用すれば，f は閉区間のどこかで最小値をとることもわかる． ◇

ボルツァーノ・ワイヤシュトラスの定理はトポロジーの本には「閉区間 $[a, b]$ はコンパクトである」という形で述べてあるといったが，いま証明した定理はトポロジーの本では「コンパクト空間上の連続関数はどこかで最大値および最小値をとる」という より一般の定理として述べられていることを付け加えておく．

中間値の定理

連続関数に関するもう1つの重要な結果は次の**中間値の定理**（intermediate value theorem）である．

定理4 f を閉区間 $a \leq x \leq b$ で連続な関数とし，$\alpha = f(a)$, $\beta = f(b)$ とおく．γ を α と β の間の数とすると，この区間内の適当な点 c で $f(c) = \gamma$ となる（図1.5のグラフ参照）．

1. 連続関数

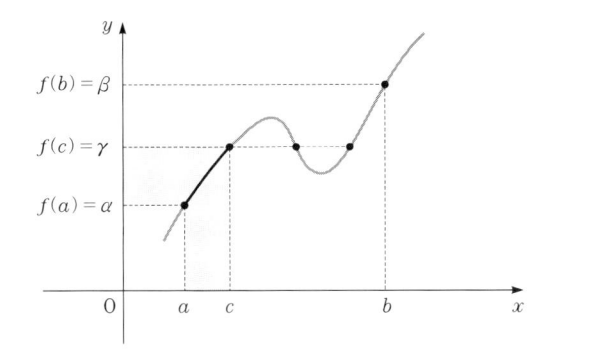

図1.5

証明 $\alpha < \gamma < \beta$ とする（$\alpha > \gamma > \beta$ の場合の証明も同様）．$f(x) \leq \gamma$ となるような x の集合を S と書く．すなわち

$$S = \{x \in [a, b]\,;\, f(x) \leq \gamma\}.$$

$f(a) = \alpha < \gamma$ だから $a \in S$. したがって，S は空集合でない．S の上限 $\sup(S)$ を c と書く．$f(c) = \gamma$ となることを証明する．上限の定義により S の数列 $\{x_n\}$ で $\lim_{n\to\infty} x_n = c$ となるものがある．f が c で連続だから，$f(c) = \lim_{n\to\infty} f(x_n)$. $x_n \in S$ だから $f(x_n) \leq \gamma$. したがって $f(c) = \lim_{n\to\infty} f(x_n) \leq \gamma$ である．

一方，$c < x \leq b$ となる x に対しては $f(x) > \gamma$. (もし $f(x) \leq \gamma$ なら $x \in S$ となり，c が S の上限であることに矛盾する．) $T = \{x\,;\, c < x \leq b\}$ とおく．今度は数列 $\{x_n\}$ を $x_n \in T$, $\lim_{n\to\infty} x_n = c$ となるようにとる．f が c で連続だから $f(c) = \lim_{n\to\infty} f(x_n)$. $x_n \in T$ だから $f(x_n) > \gamma$. よって $f(c) = \lim_{n\to\infty} f(x_n) \geq \gamma$. これで $f(c) = \gamma$ が証明された． ◇

中間値の定理は，トポロジーの本では「連結な空間 X からもう1つの空間 Y への連続写像 f の像 $f(X)$ は連結である」という，非常に一般な定理として現われる．

中間値の定理4と定理3とを使うと次の結果が得られる．

系 f が閉区間 $[a, b]$ 上の連続関数なら,その像 $\{f(x) ; a \leq x \leq b\}$ も閉区間である.

証明 f が最小値をとる点を a',最小値を $\alpha' = f(a')$;最大値をとる点を b',最大値を $\beta' = f(b')$ とする.もちろん $\alpha' \leq f(x) \leq \beta'$ だから,
$$\{f(x) ; a \leq x \leq b\} \subseteq [\alpha', \beta'].$$
ここで等号が成り立つことを証明すればよい.γ' を $\alpha' < \gamma' < \beta'$ となる任意の数とすると,中間値の定理から a' と b' の間に $\gamma' = f(c')$ となるような点 c' が存在する.すなわち,$[\alpha', \beta']$ のすべての点が $\{f(x) ; a \leq x \leq b\}$ に含まれる. ◇

連続と一様連続

ここまでは連続性の定義を直観的な (1.2) ですましてしまった.第1章 **5** 節で数列の収束の定義の際,直観的定義の後で形式的ではあるが,数学的にはきちんとした「$\forall \varepsilon > 0$,$\exists N \cdots$」式の定義も説明したが,ここでも「ε-δ」式とよばれる連続性の定義を説明しておく.

(1.6) $\qquad A = \lim_{x \to a} f(x)$

すなわち,"x が a に近付くと,$f(x)$ が A に近付く"というのは,どんなに小さい $\varepsilon > 0$ に対しても,x が a に十分近ければ,$f(x)$ の A からの距離 $|f(x) - A|$ が ε より小さいということだから,(1.6) は

「任意の $\varepsilon > 0$ に対し十分小さい $\delta > 0$ をとれば,
$$|f(x) - A| < \varepsilon$$
が $|x - a| < \delta$ となるすべての x に対して成り立つことである.」

と定義できる.記号では,

(1.7) $\qquad \forall \varepsilon > 0, \exists \delta > 0 ; \quad |f(x) - A| < \varepsilon, \quad \forall x \, (|x - a| < \delta)$

となる.

f が a で**連続**というのは,この $A = \lim_{x \to a} f(x)$ が $f(a)$ に等しいということだから

1. 連続関数

「任意の $\varepsilon > 0$ に対し十分小さい $\delta > 0$ をとれば，$|f(x) - f(a)| < \varepsilon$ が $|x - a| < \delta$ となるすべての x に対して成り立つことである．」

と定義できる．記号では

(1.8) $\quad \forall \varepsilon > 0, \ \exists \delta > 0 \ ; \quad |f(x) - f(a)| < \varepsilon, \ \forall x \ (|x - a| < \delta)$

となる．

上で述べた定義で δ は a によるが，すべての a に対して通用する共通の δ が存在するとき，f はその定義域で**一様連続**(uniformly continuous)であるという．$f(x)$ が連続というのは，x が動いたとき あるところで $y = f(x)$ のグラフが急にとび上がったり，がくんと下がったりすることがない，ということである．たとえ連続でも，x の変化の割に $f(x)$ の変化が非常に大きいところ(すなわち，$y = f(x)$ のグラフが急勾配になっているところ)は不連続な状態に近いと考えられる．「ε-δ」式の定義ではその度合を表わすことができるわけである．同じ $\varepsilon > 0$ に対し $\delta > 0$ を非常に小さくとる必要があるような a のところでは $y = f(x)$ のグラフの勾配が非常に急だということである(図 1.6)．関数 f が一様連続とは，f の定義域でグラフの勾配が限りなく大きくなることはない，ということである．(ここで，勾配という言葉は傾きの程度というような意味で，数学的にきちんとした意味で使ったのではない．)

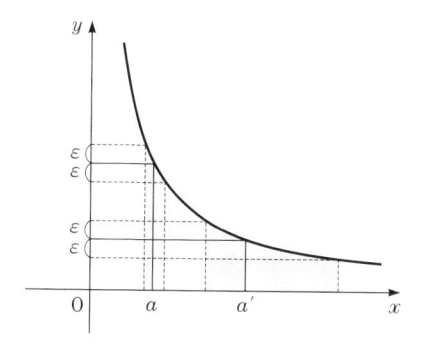

図 1.6

一様連続でない簡単な例を見ると一様連続の意味がわかるであろう．$f(x) = \dfrac{1}{x}$ を $0 < x < \infty$ の範囲で考えてみる（$0 < x < 1$ の範囲でもよい）．そこで f は連続であるが一様連続ではない．直観的にいえば，x が 0 に近付くに従って，この関数のグラフ（図 1.6）の勾配が限りなく急になっているからである．一様連続の定義に則ってきちんと証明するため，点 $x = \dfrac{1}{n}$ で与えられた $\varepsilon > 0$ に対し 必要な δ を求める．$f\left(\dfrac{1}{n}\right) = n$ だから
$$\left|f(x) - f\left(\dfrac{1}{n}\right)\right| < \varepsilon$$
となる x，すなわち
$$f\left(\dfrac{1}{n}\right) - \varepsilon < f(x) < f\left(\dfrac{1}{n}\right) + \varepsilon$$
となる x の範囲をきめるには
$$n - \varepsilon < \dfrac{1}{x} < n + \varepsilon$$
を解けばよい．したがって，区間 $\dfrac{1}{n+\varepsilon} < x < \dfrac{1}{n-\varepsilon}$ が $\left|f(x) - f\left(\dfrac{1}{n}\right)\right| < \varepsilon$ の成り立つぎりぎりの範囲である．区間 $\dfrac{1}{n} - \delta < x < \dfrac{1}{n} + \delta$ が $\dfrac{1}{n+\varepsilon} < x < \dfrac{1}{n-\varepsilon}$ に含まれるぎりぎりの δ は $\dfrac{1}{n-\varepsilon} - \dfrac{1}{n}$ と $\dfrac{1}{n} - \dfrac{1}{n+\varepsilon}$ の小さい方，すなわち $\dfrac{\varepsilon}{n(n+\varepsilon)}$ である．

証明したことをまとめると，$\left|x - \dfrac{1}{n}\right| < \dfrac{\varepsilon}{n(n+\varepsilon)}$ なら $\left|f(x) - f\left(\dfrac{1}{n}\right)\right| < \varepsilon$ となり，$\dfrac{\varepsilon}{n(n+\varepsilon)}$ より大きい δ では駄目であることがわかった．考えている点 $x = \dfrac{1}{n}$ の n を大きくしていくと（すなわち，x を 0 に近付けていくと），$\dfrac{\varepsilon}{n(n+\varepsilon)}$ は限りなく小さくなるから，すべての点で通用する共通の δ は存在しない．

定理 5 閉区間 $a \leq x \leq b$ で連続な関数 $f(x)$ は一様連続である．

証明 一様連続でないとして矛盾を導く．f が一様連続でなければ，適当な（十分小さい）$\varepsilon_0 > 0$ をとると[1]，いかに小さい $\delta > 0$ をとって $|x' - x''| < \delta$ であるようにしても，$|f(x') - f(x'')| \geq \varepsilon_0$ となってしまうような x', x'' が存在するわけである．特に，δ として $1/n$ をとれば，

$$|x_n' - x_n''| < \frac{1}{n} \text{ だが,} \qquad |f(x_n') - f(x_n'')| \geq \varepsilon_0$$

となるような点 x_n', x_n'' が存在する．第1章 **6** 節のボルツァーノ・ワイヤシュトラスの定理により，数列 $\{x_n'\}$ から $[a, b]$ 内の点に収束する部分列 $\{x_{j_n}'\}$ をとりだすことができる．この部分列が収束する極限を x_0 とする．$|x_{j_n}' - x_{j_n}''| < \dfrac{1}{j_n}$ だから，$n \to \infty$ のとき x_{j_n}'' も x_0 に収束する．f は x_0 で連続だから，$f(x_{j_n}')$ も $f(x_{j_n}'')$ も $f(x_0)$ に収束する．すなわち，十分大きい自然数 N をとれば，$n \geq N$ に対し

$$|f(x_{j_n}') - f(x_0)| < \frac{\varepsilon_0}{2}, \qquad |f(x_{j_n}'') - f(x_0)| < \frac{\varepsilon_0}{2}$$

となる[2]．したがって，$n \geq N$ に対し

$$|f(x_{j_n}') - f(x_{j_n}'')| \leq |f(x_{j_n}') - f(x_0)| + |f(x_0) - f(x_{j_n}'')|$$
$$< \frac{\varepsilon_0}{2} + \frac{\varepsilon_0}{2} = \varepsilon_0$$

となり矛盾である． $\diamondsuit$

2. 三角関数

まず角の大きさを測るのに2つの単位があることを注意しておく．一まわりの角を360に分けた「度」(記号は°)を小学校で習うが，360に分けるというのは歴史的理由によるもので，数学的には特別な理由はない．数学的に

---

1) ここでは小さい ε を1つ固定するので ε_0 とすることにした．
2) ここでは任意の ε として上で選んだ $\varepsilon_0/2$ をとったわけである．

重要なのは，半径 1 の円を描いて，中心における角を 対応する円弧の長さで表わす**ラジアン**（radian）とよばれる単位である．図 2.1 において 角 θ を円弧 $\overparen{AB}$ の長さによって測るのである．単位円（半径 1 の円のこと）の円周の長さは 2π である（これが円周率 π の定義である）．したがって，一まわりの角は 2π ラジアンだが，通常いちいちラジアンを付けないで，単に 2π であるという．直角はその $\dfrac{1}{4}$ だから $\dfrac{\pi}{2}$，正三角形の 1 つの内角は $\dfrac{\pi}{3}$ である．

図 2.1

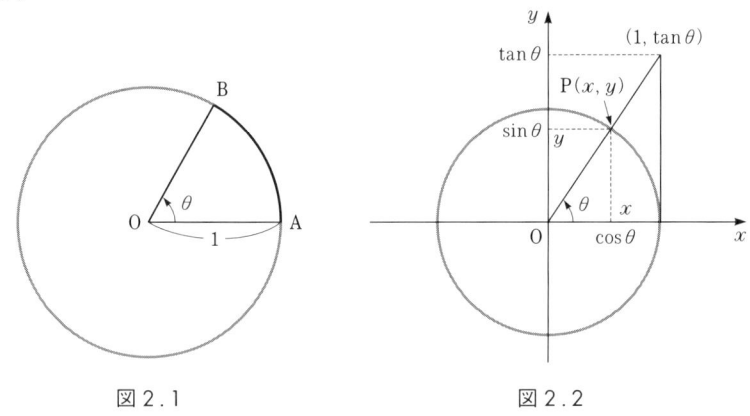

図 2.2

図 2.2 のように単位円上の点 P の座標を (x, y) とするとき，半径 OP が横軸（x 軸）とつくる角 θ に対し，$\cos\theta$, $\sin\theta$, $\tan\theta$ は

(2.1) $$x = \cos\theta, \quad y = \sin\theta, \quad \tan\theta = \frac{y}{x} = \frac{\sin\theta}{\cos\theta}$$

によって定義される．一まわりの角が 2π だから，角 θ と $\theta \pm 2\pi$, $\theta \pm 4\pi$, $\cdots$ に対応する単位円上の点 P の位置は同じである．よって，これらの関数は周期 2π の周期関数である．すなわち，

(2.2) $$\begin{cases} \sin(\theta + 2\pi) = \sin\theta, \quad \cos(\theta + 2\pi) = \cos\theta, \\ \tan(\theta + 2\pi) = \tan\theta \end{cases}$$

が成り立つ．これらの関数のグラフは次のページの図 2.3, 2.4, 2.5 のようになる．

2. 三角関数

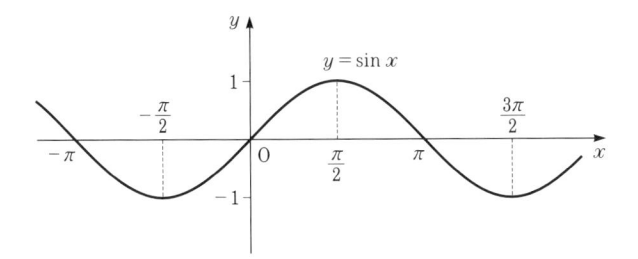

図 2.3

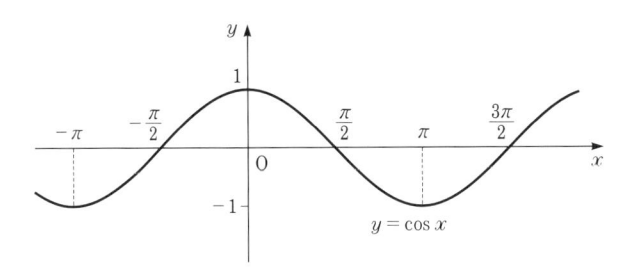

図 2.4

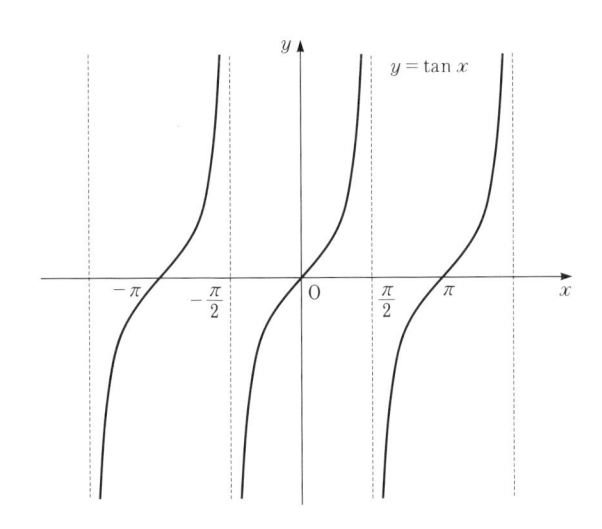

図 2.5

また，次の**加法公式**を念のため復習しておく：

(2.3) $\quad \sin(\alpha + \beta) = \sin\alpha\cos\beta + \sin\beta\cos\alpha,$

(2.4) $\quad \cos(\alpha + \beta) = \cos\alpha\cos\beta - \sin\alpha\sin\beta,$

(2.5) $\quad \tan(\alpha + \beta) = \dfrac{\tan\alpha + \tan\beta}{1 - \tan\alpha\tan\beta}.$

(2.3) と (2.4) を証明するために，平面上で原点を中心として角 α だけ回転したとき，点の座標がどのように変わるかを調べる．図 2.6 のように回転によって座標軸 X, Y が X', Y' に，そして点 P が P′ に移ったとする．座標軸 X, Y に関する P の座標を (x, y)，そして P′ の座標を (x', y') とする．そのとき，次の関係式が成り立つことを証明する：

(2.6) $\quad \begin{cases} x' = x\cos\alpha - y\sin\alpha, \\ y' = x\sin\alpha + y\cos\alpha. \end{cases}$

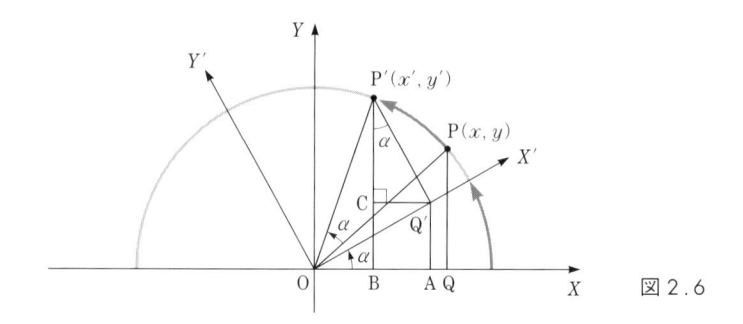

図 2.6

P から X 軸上に下ろした垂線の足を Q，P′ から X' 軸上に下ろした垂線の足を Q′ とする．三角形 △OP′Q′ は三角形 △OPQ を角 α だけ回転したものだから，OQ′ の長さは x，Q′P′ の長さは y で，図 2.6 から

$\quad \begin{cases} \overline{\text{OA}} = \overline{\text{OQ}'}\cos\alpha = x\cos\alpha, \\ \overline{\text{AB}} = \overline{\text{Q}'\text{C}} = \overline{\text{P}'\text{Q}'}\sin\alpha = y\sin\alpha. \end{cases}$

したがって，P′ の X 座標 x' は $x\cos\alpha - y\sin\alpha$ となる．同様に，

2. 三角関数

$$\begin{cases} \overline{\mathrm{BC}} = \overline{\mathrm{AQ'}} = \overline{\mathrm{OQ'}} \sin\alpha = x\sin\alpha, \\ \overline{\mathrm{CP'}} = \overline{\mathrm{P'Q'}} \cos\alpha = y\cos\alpha. \end{cases}$$

したがって，P' の Y 座標 y' は $x\sin\alpha + y\cos\alpha$ となる．

(2.6) を使って (2.3) と (2.4) を証明する．原点 O を中心として，角 α だけ回転して点 P(x,y) を P'(x',y') に，さらに角 β だけ回転して P'(x',y') を P''(x'',y'') に動かしたとすると，(2.6) と

(2.7) $$\begin{cases} x'' = x'\cos\beta - y'\sin\beta, \\ y'' = x'\sin\beta + y'\cos\beta \end{cases}$$

を得る．(2.7) に (2.6) を代入すると

$$\begin{cases} x'' = (x\cos\alpha - y\sin\alpha)\cos\beta - (x\sin\alpha + y\cos\alpha)\sin\beta, \\ y'' = (x\cos\alpha - y\sin\alpha)\sin\beta + (x\sin\alpha + y\cos\alpha)\cos\beta. \end{cases}$$

これを整理して

(2.8)
$$\begin{cases} x'' = x(\cos\alpha\cos\beta - \sin\alpha\sin\beta) - y(\sin\alpha\cos\beta + \cos\alpha\sin\beta), \\ y'' = x(\cos\alpha\sin\beta + \sin\alpha\cos\beta) + y(-\sin\alpha\sin\beta + \cos\alpha\cos\beta). \end{cases}$$

2度に分けずに直接に角 $\alpha+\beta$ だけ回転すると，P(x,y) は P''(x'',y'') に移るが，そのときは ((2.6) において α の代りに $\alpha+\beta$ として)

(2.9) $$\begin{cases} x'' = x\cos(\alpha+\beta) - y\sin(\alpha+\beta), \\ y'' = x\sin(\alpha+\beta) + y\cos(\alpha+\beta) \end{cases}$$

となる．そこで (2.8) と (2.9) を較べる．両式とも すべての (x,y) に対して成り立つから，右辺の対応する係数が等しくなければならない．これで (2.3) と (2.4) が証明された (以上の証明は変換群の考えを使ったものである)．(2.5) を証明するには，(2.3) の左辺を (2.4) の左辺で；(2.3) の右辺を (2.4) の右辺で割り，右辺の分子と分母を $\cos\alpha\cos\beta$ で割ればよい．これで (2.3), (2.4), (2.5) が証明された．

$\cos(-\beta) = \cos\beta,\ \sin(-\beta) = -\sin\beta$ に注意して，(2.4) および (2.4)

で β を $-\beta$ で置き換えた式

$$\begin{cases} \cos(\alpha+\beta) = \cos\alpha\cos\beta - \sin\alpha\sin\beta, \\ \cos(\alpha-\beta) = \cos\alpha\cos\beta + \sin\alpha\sin\beta \end{cases}$$

の和と差をとれば

(2.10) $\qquad \cos\alpha\cos\beta = \dfrac{1}{2}\{\cos(\alpha+\beta) + \cos(\alpha-\beta)\},$

(2.11) $\qquad \sin\alpha\sin\beta = \dfrac{1}{2}\{\cos(\alpha-\beta) - \cos(\alpha+\beta)\}.$

同様に，(2.3) および (2.3) で β を $-\beta$ で置き換えた式の和をとれば

(2.12) $\qquad \sin\alpha\cos\beta = \dfrac{1}{2}\{\sin(\alpha+\beta) + \sin(\alpha-\beta)\}.$

$\sin\theta$, $\cos\theta$, $\tan\theta$ のほかに次の関数もときどき使う：

$$\csc\theta = \frac{1}{\sin\theta}, \quad \sec\theta = \frac{1}{\cos\theta}, \quad \cot\theta = \frac{1}{\tan\theta} = \frac{\cos\theta}{\sin\theta}.$$

csc を cosec と書くこともある．これらの関数のグラフは次のページの図 2.7, 2.8, 2.9 のようである．

　三角法の創始者は古代ギリシャ最大の天文学者ヒッパルコス (190 ? – 125 ? B.C.) といわれる．彼は角 α の正弦 $\sin\alpha$ でなく弦 $AB = 2\sin\dfrac{\alpha}{2}$ を用い，**加法公式**（addition formula）（に相当するもの）を得た．ギリシャに始まった三角法はインドに伝わり，4世紀から5世紀にかけて書かれたインドの天文書では正弦（$\sin\alpha$）が使われるようになった．インド流の三角法はアラビヤでさらに発展し，12世紀頃ヨーロッパに戻ってきた．

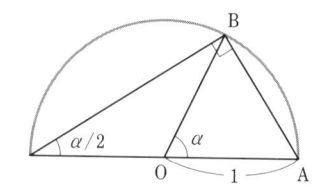

2. 三角関数

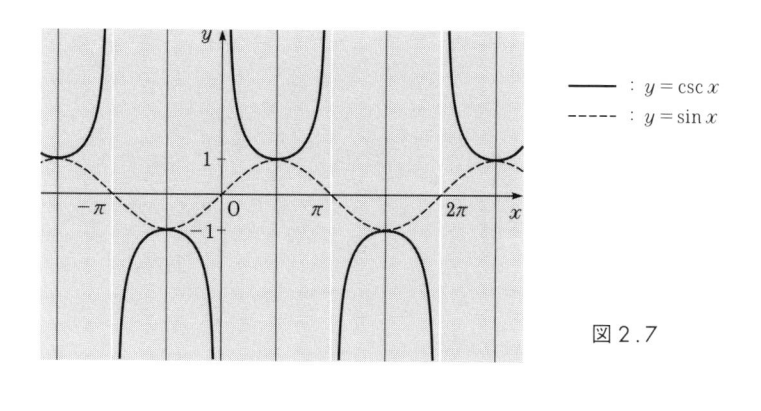

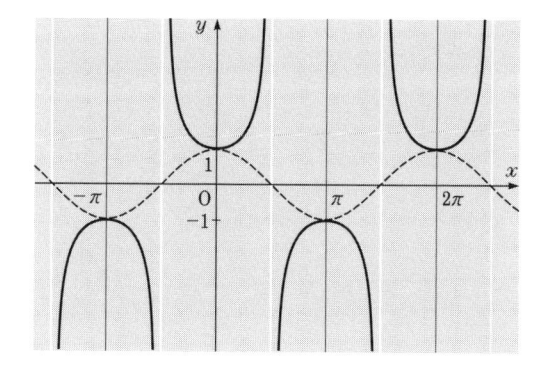

――― : $y = \csc x$
------ : $y = \sin x$

図 2.7

――― : $y = \sec x$
------ : $y = \cos x$

図 2.8

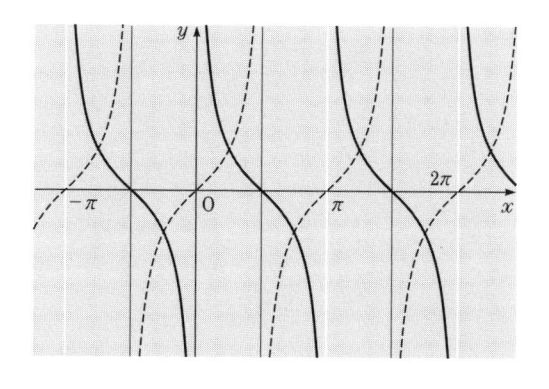

――― : $y = \cot x$
------ : $y = \tan x$

図 2.9

3. 逆三角関数

逆関数

一般に，関数 $y=f(x)$ は x に値を与えたとき y の値を与えるが，逆に与えられた値を y がとるような x を見つけることができるだろうか？ この場合，そのような x の"存在と一意性"の2つの問題がある．例えば，
$$y = 2x - 1$$
なら，x を y の関数として解いて
$$x = \frac{1}{2}(y+1)$$
を得る．図3.1のグラフを見れば，x から y がきまるし，y から x がきまることも明らかである．

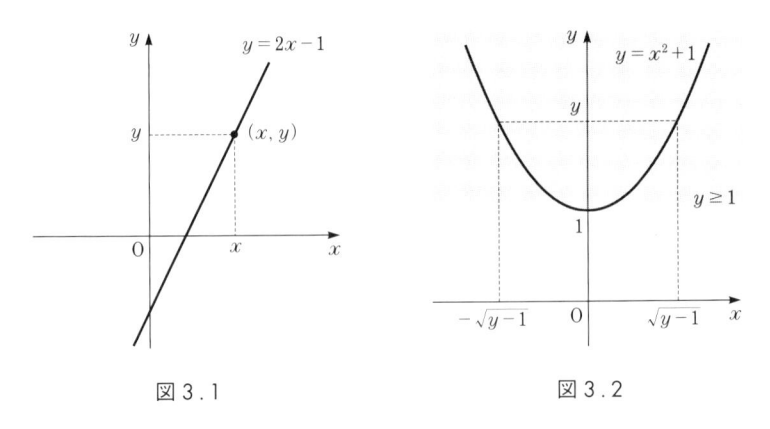

図3.1

図3.2

しかし，$y = x^2 + 1$ のような関数とそのグラフ（図3.2）を考えてみると，y から x がきまるとはいえないことがわかる．まず，1より小さい y に対しては対応する x がない（非存在）．そして，y が1より大きい場合には対応する x が2つある（非一意性）．すなわち，$x = \pm\sqrt{y-1}$ である．$y = 1$ のときだけ対応する x がただ1つある．x の範囲を $x \geq 0$ か $x \leq 0$ に限れば，$y \geq 1$ に対してただ1つ対応する x がきまる．

3. 逆三角関数

一般に，連続関数 $f(x)$ が $a \leq x \leq b$ の範囲で単調に増加している〔または 単調に減少している〕なら，すなわち，$a \leq x_1 < x_2 \leq b$ のとき常に $f(x_1) < f(x_2)$ となっている〔または 常に $f(x_1) > f(x_2)$ となっている〕なら，$f(a) \leq y \leq f(b)$ の範囲の y〔または $f(a) \geq y \geq f(b)$ の範囲の y〕に対し，$y = f(x)$ となるような x が<u>ただ 1 つきまる</u>（そのような x の存在は中間値の定理（**1** 節の定理 4）で保証されることに注意）．そのとき $x = f^{-1}(y)$ と書いて，これを $y = f(x)$ の**逆関数**（inverse function）とよぶ．ここで f^{-1} の意味は $\dfrac{1}{f}$ とは異なることを注意しておく．

逆三角関数

以上のことを三角関数に適用してみる．$\sin x$ は周期 2π の周期関数，すなわち $\sin(x + 2\pi) = \sin x$ だから，$-1 \leq y \leq 1$ の範囲の y に対し $y = \sin x$ となる x は無限にたくさんある．しかし図 2.3 から明らかなように区間 $-\dfrac{\pi}{2} \leq x \leq \dfrac{\pi}{2}$ では $\sin x$ は単調増加しているから，$-\dfrac{\pi}{2} \leq x \leq \dfrac{\pi}{2}$ という制限付きで逆関数

$$x = \sin^{-1} y \qquad (-1 \leq y \leq 1)$$

が定まる．$\sin^{-1} y$ のことを $\operatorname{Arcsin} y$ とも書く．

同様にして，$0 \leq x \leq \pi$ という制限付きで

$$x = \cos^{-1} y = \operatorname{Arccos} y \qquad (-1 \leq y \leq 1).$$

そして，$-\dfrac{\pi}{2} < x < \dfrac{\pi}{2}$ という制限付きで

$$x = \tan^{-1} y = \operatorname{Arctan} y \qquad (-\infty < y < \infty)$$

が定義されることは，図 2.4, 2.5 から明らかである．

一般に，$\sin^{-1} y$, $\cos^{-1} y$, $\tan^{-1} y$ を上のような制限を付けず多価関数として考えることもある．上のような制限を付けたことを強調するときには**主値**（principal value）とよぶ．

ここで逆関数とそのグラフについて注意をしておく．$y = f(x)$ と $x = f^{-1}(y)$ は x から y がきまるか，y から x がきまるか の違いであって，x と y の間の関係は本質的に同じであり，グラフも同じである．我々は $x = f^{-1}(y)$ を $y = f(x)$ の逆関数とよんだが，<u>$x = f^{-1}(y)$ の式で x と y を入れ換えた</u>[1] $y = f^{-1}(x)$ を $y = f(x)$ の**逆関数**とよぶことが多い．例えば，$x = \sin^{-1} y$ の代りに $y = \sin^{-1} x$ を $y = \sin x$ の逆関数とよぶのが普通である．これは，$y = f(x)$ と $y = f^{-1}(x)$ のグラフを実際に較べてみるともっとはっきりする．(x, y)-平面上で点 (a, b) と点 (b, a) は直線 $y = x$ に関して対称の位置にある（図 3.3）．

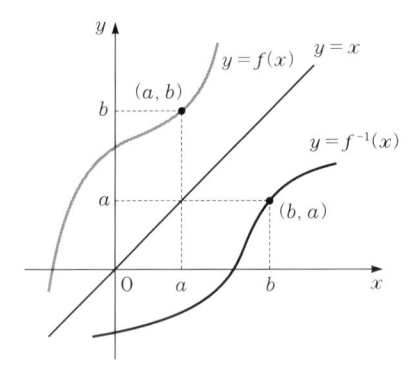

図 3.3

したがって，$y = \sin x$, $x = \sin^{-1} y$, $y = \sin^{-1} x$ のグラフは次のページの図 3.4 のようになる．$x = \sin^{-1} y$ のグラフは $y = \sin x$ のグラフを $-\dfrac{\pi}{2} \leq x \leq \dfrac{\pi}{2}$ の範囲に限ったものであり，$y = \sin^{-1} x$ のグラフは $x = \sin^{-1} y$ のグラフを直線 $y = x$ を対称軸として折り返したものである．

同様に，$y = \cos^{-1} x$, $y = \tan^{-1} x$ のグラフは図 3.5, 3.6 のようになる．

---

[1] 関数をグラフで表わすとき，一般に独立変数を横軸に選び x で表わす習慣に従った場合．

3. 逆三角関数

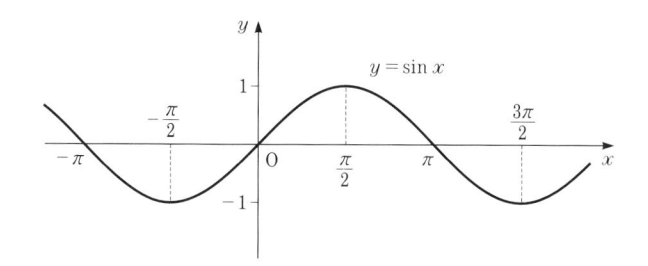

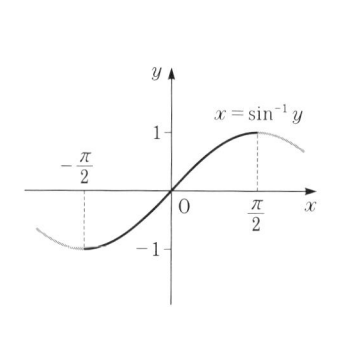

図 3.4

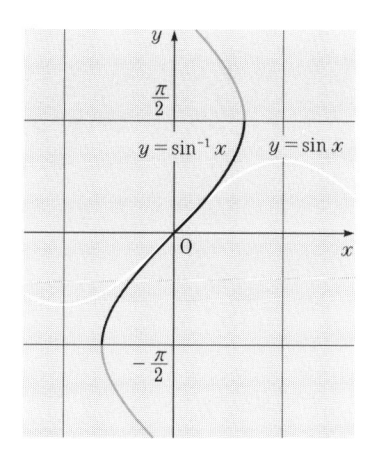

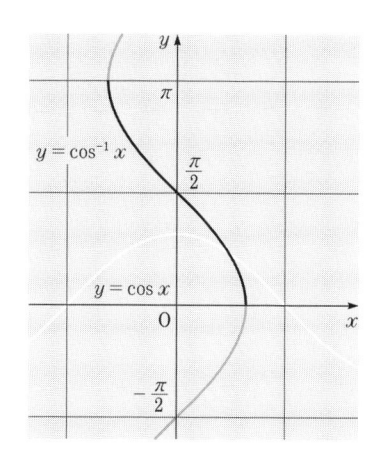

図 3.5

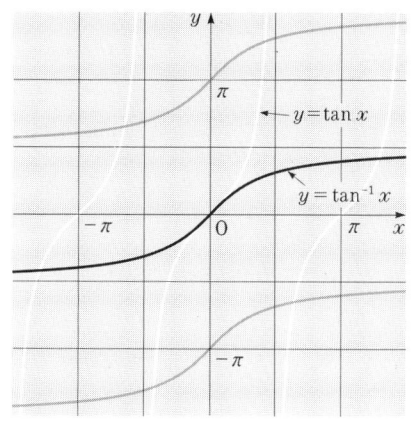

図 3.6

$x = f^{-1}(y)$ において x と y を入れ換えることができたのは，x と y が同じ種類の変数，すなわちどちらも実1変数だからであって，X と Y が全く異なる種類の集合であるときには，$f: X \to Y$ の逆写像 $f^{-1}: Y \to X$ において $x = f^{-1}(y)$ の x と y を入れ換えるということは意味をなさない．

また，$y = \csc^{-1} x$ は $x = \csc y = \dfrac{1}{\sin y}$ と同じで，これは $\dfrac{1}{x} = \sin y$ と同じことだから $y = \sin^{-1} \dfrac{1}{x}$ とも書ける．$\sec^{-1} x$ と $\cot^{-1} x$ の場合も同様で，

$$(3.1) \quad \begin{cases} \csc^{-1} x = \sin^{-1} \dfrac{1}{x}, & \sec^{-1} x = \cos^{-1} \dfrac{1}{x}, \\ \cot^{-1} x = \tan^{-1} \dfrac{1}{x} \end{cases}$$

を得る．

4. 指数関数

整数べきと有理数べきの指数関数

いま，a を正の実数とするとき，正の整数 m に対し a の m 乗 a^m は

$$(4.1) \quad a^m = \underbrace{aa \cdots a}_{m \text{ 個}}$$

によって定義され，a^{-m} は

$$(4.2) \quad a^{-m} = \frac{1}{a^m}$$

で定義されることは周知の通りである．$m = 0$ に対しては

$$(4.3) \quad a^0 = 1$$

とおく．以上のように定義すれば，任意の整数 m, n に対し

$$(4.4) \quad a^{m+n} = a^m a^n \quad (m, n \in \mathbf{Z})$$

となることは明らかである．$a^0 = 1$ としておかないと (4.4) が成立しない．

4. 指数関数

さらに

(4.5) $\quad (a^m)^n = a^{mn}$

も容易に確かめられる．（例えば，$m, n \geq 0$ の場合，a を m 個並べて掛けたものを n 個並べて掛けて得られ，右辺は a を mn 個並べて掛けたものであるから等しい．）

次に a の有理数べきを定義する．n を正の整数とするとき，$a^{\frac{1}{n}}$ は a の正の n 乗根 $\sqrt[n]{a}$ であるとする．すなわち，

(4.6) $\quad (a^{\frac{1}{n}})^n = a \qquad (a^{\frac{1}{n}} > 0)$

となるように $a^{\frac{1}{n}}$ を定義する．$a^{\frac{1}{n}}$ は正の実数であるから，定義 (4.1)，(4.2) を $a^{\frac{1}{n}}$ に適用することにより，$a^{\frac{m}{n}}$ は

(4.7) $\quad a^{\frac{m}{n}} = (a^{\frac{1}{n}})^m$

によって定義される．k を正の整数とするとき，$\dfrac{mk}{nk} = \dfrac{m}{n}$ だから，$a^{\frac{mk}{nk}}$ を

$$a^{\frac{mk}{nk}} = (a^{\frac{1}{nk}})^{mk}$$

によって定義したとき，$a^{\frac{mk}{nk}} = a^{\frac{m}{n}}$ となることを確かめておかなくては，(4.7) が矛盾なく定義されたことにならない．定義により $(a^{\frac{1}{nk}})^{nk} = a$ である．(4.5) で a の代りに $a^{\frac{1}{nk}}$ をとれば，$((a^{\frac{1}{nk}})^k)^n = (a^{\frac{1}{nk}})^{nk} = a$ だから

(4.8) $\quad (a^{\frac{1}{nk}})^k = a^{\frac{1}{n}}$

である．したがって，

$$a^{\frac{mk}{nk}} = (a^{\frac{1}{nk}})^{mk} = ((a^{\frac{1}{nk}})^k)^m = (a^{\frac{1}{n}})^m = a^{\frac{m}{n}}.$$

これで a の有理数べきが定義された．次に，(4.4) と同様の式が有理数べきに対しても成り立つことを証明する．すなわち，整数 k, l, m, n に対し

(4.9) $\quad a^{\frac{k}{l} + \frac{m}{n}} = a^{\frac{k}{l}} a^{\frac{m}{n}}$

を証明する．a の代りに $a^{\frac{1}{ln}}$ に対し，(4.7), (4.4), (4.5), (4.8) を適用して
$$a^{\frac{k}{l}+\frac{m}{n}} = a^{\frac{kn+lm}{ln}} = (a^{\frac{1}{ln}})^{kn+lm} = (a^{\frac{1}{ln}})^{kn}(a^{\frac{1}{ln}})^{lm}$$
$$= ((a^{\frac{1}{ln}})^n)^k((a^{\frac{1}{ln}})^l)^m = (a^{\frac{1}{l}})^k(a^{\frac{1}{n}})^m = a^{\frac{k}{l}}a^{\frac{m}{n}}$$

を得る．ここで $u = \dfrac{k}{l}$, $v = \dfrac{m}{n}$ とおいて (4.9) を

(4.10) $\qquad a^{u+v} = a^u a^v \qquad (u, v \in \mathbf{Q})$

と書き直しておく．(4.10) は**指数公式**（law of exponents）とよばれる．

正の実数 a に対し，その整数べきと有理数べきを順に定義してきたが，実数べきを定義する前に (4.10) の重要性を説明しておく．$\mathbf{Q}$ を有理数の集合，$\mathbf{R}_{>0}$ を正の実数の集合とし，一般に写像 $f: \mathbf{Q} \to \mathbf{R}_{>0}$ （すなわち，$\mathbf{Q}$ で定義された正値の関数）で関係式

(4.11) $\qquad f(u+v) = f(u)f(v)$

を満たすものを考える．例えば，$f(u) = a^u$ とすれば，(4.11) は (4.10) にほかならないから (4.11) が満たされているが，実は<u>(4.11) を満たすような f は 適当な $a > 0$ を使って $f(u) = a^u$ と書ける</u>のである．これを証明するには

$$a = f(1)$$

とおく．(4.11) により $f(2) = f(1+1) = f(1)f(1) = a^2$, $f(3) = f(2+1) = f(2)f(1) = a^3$, $\cdots$ と繰り返して，正の整数 m に対して

$$f(m) = a^m$$

を得る．$f(0) = f(0+0) = f(0)f(0)$ だから $f(0) = 1$. また，
$$1 = f(0) = f(m+(-m)) = f(m)f(-m)$$
だから $f(-m) = \dfrac{1}{f(m)} = a^{-m}$. 次に，$m, n$ を整数で $n > 0$ とするとき，

$$a^m = f(m) = f(\underbrace{\frac{m}{n} + \cdots + \frac{m}{n}}_{n \text{個}}) = \underbrace{f\left(\frac{m}{n}\right) \cdots f\left(\frac{m}{n}\right)}_{n \text{個}} = f\left(\frac{m}{n}\right)^n$$

4. 指数関数

だから $f\left(\dfrac{m}{n}\right) = \sqrt[n]{a^m} = a^{\frac{m}{n}}$ を得る．すなわち，$u = \dfrac{m}{n}$ とおいて

(4.12) $\qquad f(u) = a^u \qquad (a = f(1))$

を得る．このように指数関数 a^u は (4.11) を満たす関数として特徴付けられる．

また (4.11) から公式

(4.13) $\qquad (a^u)^v = a^{uv}$

も次のようにして得られる．f を (4.11) を満たす関数とするとき，u を固定しておいて $g(v) = f(uv)$ とおいて v を変数とする関数 g を定義する．このとき
$$g(v+w) = f(uv+uw) = f(uv)f(uw) = g(v)g(w)$$
だから，g も (4.11) を満たす関数である．そこで，(4.12) と同じ式が g についても成り立つから
$$g(v) = (g(1))^v$$
となる．$g(v) = f(uv)$, $g(1) = f(u)$ だから，これは
$$f(uv) = (f(u))^v$$
と書けるが，これは (4.13) にほかならない．

次に，関数 a^u の性質を考えてみる．$a = 1$ の場合は $a^u \equiv 1$ だから考える必要はない．$a > 1$ なら a^u は単調に増加し，$0 < a < 1$ なら a^u は単調に減少する ことは明白だが一応説明しておく．$u < v$ に対し
$$a^v = a^{u+(v-u)} = a^u \cdot a^{(v-u)}.$$
有理数 $\dfrac{m}{n} > 0$ に対し，$a > 1$ の場合には，定義 (4.6) により $a^{\frac{1}{n}} > 1$, そして (4.7) により $a^{\frac{m}{n}} > 1$. 同様に，$0 < a < 1$ の場合には $a^{\frac{m}{n}} < 1$. これを $v - u = \dfrac{m}{n}$ に適用すれば，$a > 1$ のときは $a^{v-u} > 1$ で $a^v > a^u$, $0 < a < 1$ のときは $a^v < a^u$ となる．

$a>1$ の場合，$u\to\infty$ のとき $a^u\to\infty$，$a^{-u}=\dfrac{1}{a^u}\to 0$ となることは明らかである．そして，$0<a<1$ の場合には，$u\to\infty$ のとき $a^u\to 0$，$a^{-u}\to\infty$ となる．指数関数 $y=a^x$ のグラフは（u の代りに x と書いた）図 4.1 のようになる．$a^0=1$ だからいずれも点 $(0,1)$ を通るが，a を変えるとグラフの傾きの程度が変わる．

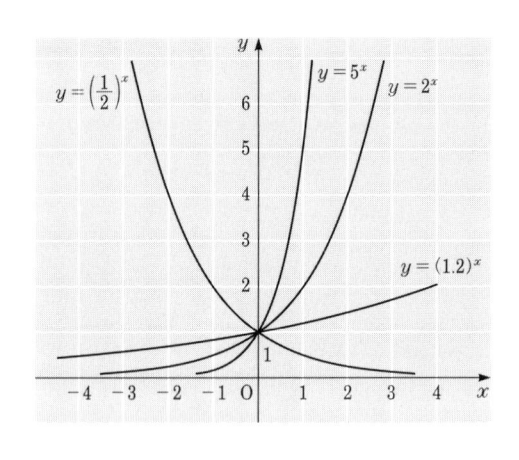

図 4.1

実数べきの指数関数

ここまでは，u が有理数という仮定で a^u を論じてきた．その意味では上のグラフも有理数のところだけで定義されているわけだが，x 軸は有理点でぎっしり詰まっている（数学的に正確な術語では，有理数の集合は稠密な）ので，グラフは x 軸のすべての点で定義されているように見える．無理点のところでグラフが切れていることは頭の中で想像するより仕方がない．a^x の定義を（無理数まで含めて）すべての実数 x にまで拡張するということは，この切れぎれになったグラフの隙間を埋め，とぎれのないグラフにするということである．しかし，これは直観的な説明であって，実数 x に対し a^x を定義するには次のようにする．

4. 指数関数

有理数の列 $u_1, u_2, \cdots, u_n, \cdots$ で実数 x に収束するものをとる.すなわち,$x = \lim_{n\to\infty} u_n$. そして

(4.14) $\qquad a^x = \lim_{n\to\infty} a^{u_n}$

と定義する.極限 $\lim_{n\to\infty} a^{u_n}$ が存在し,有理数列 $\{u_n\}$ の選び方によらないことを証明する必要がある.そのために,まず次の補題を証明する.

補題 任意の $\varepsilon > 0$ に対し十分に小さい $\delta > 0$ をとれば,$|u| < \delta$ となるようなすべての有理数 u に対して $|a^u - 1| < \varepsilon$ が成り立つ.

証明 $a = 1$ の場合は明らか.$a > 1$ の場合を考える.$-\varepsilon < a^u - 1 < \varepsilon$ を満たす有理数 u の範囲をきめればよい.a^u は u と共に単調に増加するから,正の u については,$a^{\frac{1}{n}} - 1 < \varepsilon$ となる自然数 n を見つければ,$0 \le u \le \frac{1}{n}$ となる有理数 u に対して $0 \le a^u - 1 < \varepsilon$ が成り立つ.したがって,$a^{\frac{1}{n}} - 1 < \varepsilon$ となる n を見つけるには,$a^{\frac{1}{n}} < 1 + \varepsilon$ を n 乗して $a < (1 + \varepsilon)^n$ となる n を見つければよい.$(1 + \varepsilon)^n \ge 1 + n\varepsilon$ だから $a < 1 + n\varepsilon$ となれば十分である.すなわち,$\frac{a-1}{\varepsilon} < n$ となる自然数 n をとればよい.

次に,負の u についても上と同じ自然数 n をとれば

$$a < 1 + n\varepsilon \le (1+\varepsilon)^n = \left(\frac{1-\varepsilon^2}{1-\varepsilon}\right)^n < \left(\frac{1}{1-\varepsilon}\right)^n$$

だから $1 - \varepsilon < a^{-\frac{1}{n}}$,すなわち $-\varepsilon < a^{-\frac{1}{n}} - 1$. ゆえに $-\frac{1}{n} < u < 0$ となる有理数 u に対しては $-\varepsilon < a^u - 1 < 0$ で,$|u| < 1/n$ ととれば $|a^u - 1| < \varepsilon$ となる.したがって $\delta = 1/n$ とすればよい.$0 < a < 1$ の場合も同様である. ◇

さて,有理数列 $\{u_n\}$ が実数 x に収束していると,$\{a^{u_n}\}$ がコーシー列となることを証明する.$a > 1$ とする($a < 1$ の場合も同様).任意の $\varepsilon > 0$ に対し,補題の δ をとる.$\{u_n\}$ は収束しているから上に有界で,有理数 U を上界とすれば a^U は $\{a^{u_n}\}$ の上界である.$A = a^U$ とおく.そうすると $|u_m - u_n| < \delta$ となるような u_m と u_n に対しては

$$|a^{u_m} - a^{u_n}| = |a^{u_n}(a^{u_m - u_n} - 1)| \leq A|a^{u_m - u_n} - 1| < A\varepsilon$$

となる．$\{u_n\}$ は収束しているから，コーシー列である．そして上の $\delta > 0$ に対し十分大きい自然数 N をとれば，$m, n \geq N$ となる自然数 m, n に対して $|u_m - u_n| < \delta$，したがって $|a^{u_m} - a^{u_n}| < A\varepsilon$ となる．ε は任意だから，これは $\{a^{u_n}\}$ がコーシー列になるということである．

コーシー列は収束するから（第 1 章 **6** 節の定理 2 ），$\{a^{u_n}\}$ は収束する．そこで (4.14) により a^x を定義する．

次に，$a^x = \lim_{n \to \infty} a^{u_n}$ が $\{u_n\}$ のとり方によらないことを証明する．$\{v_n\}$ を x に収束するもう 1 つの有理数列とする．そのとき $\lim_{n \to \infty} a^{u_n} = \lim_{n \to \infty} a^{v_n}$ を証明するわけだが，$\{v_n\}$ が $\{u_n\}$ の部分列の場合は明らかである．一般の場合は，2 つの数列を混ぜた数列 $u_1, v_1, u_2, v_2, u_3, v_3, \cdots$ を考え，それを $\{w_n\}$ とする（$w_1 = u_1, \ w_2 = v_1, \ w_3 = u_2, \ w_4 = v_2, \ \cdots$）．$\lim_{x \to \infty} w_n = x$ は明らか．$\{u_n\}$ も $\{v_n\}$ も $\{w_n\}$ の部分列だから，

$$\lim_{n \to \infty} a^{u_n} = \lim_{n \to \infty} a^{w_n} = \lim_{n \to \infty} a^{v_n}$$

となる．こうして，実数 x に対し，a^x の定義 (4.14) が正当化された．

a^x が実変数 x の関数として連続であることは直観的には明らかであろうが，きちんと証明する前に指数公式 (4.10) を実数までに拡張しておく．$\{u_n\}$, $\{v_n\}$ が有理数列で $x = \lim_{n \to \infty} u_n$，$y = \lim_{n \to \infty} v_n$ なら，$x + y = \lim_{n \to \infty}(u_n + v_n)$ だから，(4.14) を使って

$$a^x \cdot a^y = \lim_{n \to \infty} a^{u_n} \cdot \lim_{n \to \infty} a^{v_n} = \lim_{n \to \infty} a^{u_n} a^{v_n} = \lim_{n \to \infty} a^{u_n + v_n} = a^{x+y}$$

を得る．すなわち，任意の実数 x, y に対し指数公式

(4.15)　　　　$a^x a^y = a^{x+y}$　　　　$(x, y \in \mathbf{R})$

が成り立つ．(4.13) は (4.11) の結果であったから，(4.15) から任意の実数 x, y に対し

(4.16)　　　　$(a^x)^y = a^{xy}$

を得る．

また $a>1$ のとき，実数 $x>0$ に対して $a^x>1$ となることは，$\{u_n\}$ を x に収束する単調増加有理数列(すなわち $u_1<u_2<u_3<\cdots\to x$)とすれば，$1<a^{u_1}<a^{u_2}<a^{u_3}<\cdots\to a^x$ であることから明らかである．したがって，(4.15)から a^x は実変数 x について単調増加であることがわかる．$0<a<1$ のとき a^x が単調減少であることも同様に証明される．

次の補題の証明は x が有理数の場合と全く同じである．

補題 任意の $\varepsilon>0$ に対し十分小さい $\delta>0$ をとれば，$|x|<\delta$ となるような実数 x に対して $|a^x-1|<\varepsilon$ が成り立つ．

この補題は a^x が $x=0$ において連続であるということにほかならない．一般の点 x_0 での連続性を証明するには，任意の $\varepsilon>0$ に対し補題の $\delta>0$ をとる．そうすれば，$|x-x_0|<\delta$ となる実数 x に対し
$$|a^x-a^{x_0}|=|a^{x-x_0}-1|\,a^{x_0}<\varepsilon a^{x_0}$$
となる．ε は任意だから これで連続性が証明された．

5. 対数関数

指数関数 $y=a^x$ は，x が $-\infty$ から ∞ に動くにつれて，$a>1$ の場合には 0 から ∞ まで単調に増加し，$0<a<1$ の場合には ∞ から 0 まで単調に減少する(前節参照)．したがって，**3** 節で説明したように，その逆関数が定義される．すなわち，与えられた $y>0$ に対し $y=a^x$ となるような x が一意にきまる．このように，x を y の関数と考えて $x=\log_a y$ と書く．すなわち，$y=a^x$ と $x=\log_a y$ は x と y の間の同じ関係を表わす．違いは x と y のどちらをどちらの関数と考えるかというだけのことである．$x=\log_a y$ の y に $y=a^x$ を代入すれば

(5.1) $\quad\quad x = \log_a a^x$,

$y = a^x$ の x に $x = \log_a y$ を代入すれば

(5.2) $\quad\quad y = a^{\log_a y}$

を得る．$x = \log_a y$ の x と y を入れ換えて

$$y = \log_a x$$

を $y = a^x$ の逆関数と考えるのが普通である．もちろん，$y = \log_a x$ は $x = a^y$ と同じことである．a を対数関数 $\log_a x$ の**底**(base)とよぶ．

3 節で $y = \sin^{-1} x$ のグラフは $y = \sin x$ のグラフを直線 $y = x$ を軸として対称であることを説明したが，全く同じ理由で $y = \log_a x$ のグラフは $y = a^x$ のグラフを直線 $y = x$ で折り返すことによって得られる．そのグラフは，例えば $a = 2$ の場合には図 5.1 のようになる．

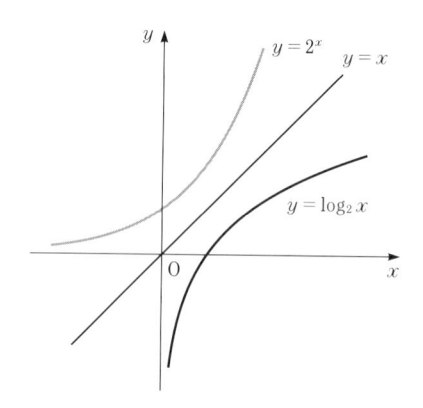

図 5.1

指数公式 (4.15) に対応して，対数関数の場合には次の**対数公式**(law of logarithms)が成り立つ：

(5.3) $\quad\quad \log_a xx' = \log_a x + \log_a x' \quad\quad (x, x' > 0)$.

これを証明するには $y = \log_a x$, $y' = \log_a x'$ とおけば $x = a^y$, $x' = a^{y'}$ だから指数公式を使って

$$xx' = a^y a^{y'} = a^{y+y'}.$$

したがって，$\log_a xx' = y + y'$.

(5.2) と (4.16) から $y^u = (a^{\log_a y})^u = a^{u \log_a y}$. よって，$\log_a$ の定義から

(5.4) $\qquad \log_a y^u = u \log_a y \qquad (y > 0)$.

ここで $x = y^u$，すなわち $u = \log_y x$ とおけば $\log_a x = \log_y x \cdot \log_a y$. $y = b$ と記号を変えて，次の対数の底の変換公式を得る：

(5.5) $\qquad \log_a x = \log_a b \cdot \log_b x \qquad (a, b > 0)$.

指数関数 a^x，対数関数 $\log_a x$ において数値計算上便利な底は $a = 10$ であるが，解析学で理論上便利なのは，$y = a^x$ のグラフ（図 5.2）において $x = 0$ の点で勾配が 1 になるような a である．そのような底を e と書くが，これについては第 3 章 **5, 6** 節で詳しく説明する．

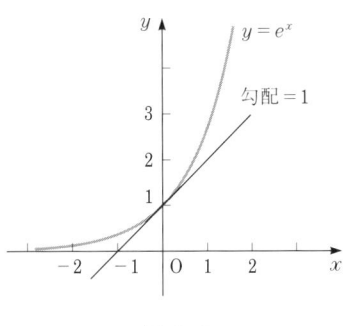

図 5.2

対数関数の最も基本的な性質は対数公式 (5.3) である．すなわち，連続写像 $f: \mathbf{R}_{>0} \to \mathbf{R}$ が対数公式

(5.6) $\qquad f(xx') = f(x) + f(x')$

と条件

(5.7) $\qquad f(a) = 1$

を満たすなら $f(x) = \log_a x$ である．その証明には，$g(x) = f(x) - \log_a x$ とおいて，$g(x) \equiv 0$ を示せばよい．(5.3) と (5.6) から

(5.8) $\qquad g(xx') = g(x) + g(x'), \qquad g(a) = 0$.

したがって

$$0 = g(a) = g(a \cdot 1) = g(a) + g(1) = g(1).$$

n を正の整数とするとき，(5.8) により

$$0 = g(a) = g(a^{\frac{1}{n}} \cdots a^{\frac{1}{n}}) = n g(a^{\frac{1}{n}})$$

だから $g(a^{\frac{1}{n}}) = 0$. さらに，正の整数 m に対し

$$g(a^{\frac{m}{n}}) = g(\underbrace{a^{\frac{1}{n}} \cdots a^{\frac{1}{n}}}_{m \text{個}}) = m g(a^{\frac{1}{n}}) = 0.$$

また，

$$0 = g(1) = g(a^{\frac{m}{n}} \cdot a^{-\frac{m}{n}}) = g(a^{\frac{m}{n}}) + g(a^{-\frac{m}{n}}) = g(a^{-\frac{m}{n}}).$$

これで すべての有理数 u に対し，$g(a^u) = 0$ が証明された．$g(x)$ が x の連続関数，a^u が u の連続関数だから，$g(a^u)$ は u の連続関数．したがって，$g(a^u) = 0$ はすべての実数 u に対しても成り立つ．いかなる正の実数 x も a^u の形に書けるから $g(x) \equiv 0$ となる．

対数はスコットランドの男爵 Napier (ネイピア) (1550 - 1617) によって計算の道具として発明された．当時の貴族が皆そうであったように，彼も生活のための仕事をもたず数学を趣味としていた．（スイスの Bürgi (ビュルギ) (1552 - 1632) も同じ頃対数を発明したが，ネイピアが1614年に対数表を発表して名声を博してから6年も経つまで結果を発表しなかったので，その後の対数の発展に大きな影響を与えなかった．）

対数関数の本質は積を和に変換する公式 (5.3) にある．例えば，表

2^n	$\frac{1}{8}$	$\frac{1}{4}$	$\frac{1}{2}$	1	2	4	8	16	32	64	128
n	-3	-2	-1	0	1	2	3	4	5	6	7

を使えば1行目の数の積 4×16 を求めるには，対応する2行目の数の和 $2 + 4$ を求め，答6に対応する1行目の数64を見ればよい．しかし，1行目は2倍2倍と増える幾何級数で，n が大きくなると 2^n と次の 2^{n+1} の間が大き過ぎて実用的でない．1行目の数が互いにもっと近くなるようにするには底を2でなく1に近い数にすればよい．そこでネイピアは $1 - 10^{-7} (= 0.9999999)$ のべきを使った．しかし，これでは得られた幾何級数がくっつき過ぎ，また小数は煩らわしいので，ネイピアは y に対し

5. 対数関数

$10^7(1-10^{-7})^y$ を対応させた.

$$x = 10^7(1-10^{-7})^y$$

とおいて，y を x の関数と考えたものがネイピアの対数である．これを log と較べてみる．第3章 **6** 節で示すように，

$$e^t = \lim_{n\to\infty}\left(1+\frac{t}{n}\right)^n.$$

ここで $t=-1$ とする．10^7 は非常に大きいから，$\left(1-\frac{1}{10^7}\right)^{10^7}$ は $\frac{1}{e}$ にほとんど等しい．したがって

$$x = 10^7(1-10^{-7})^y = 10^7\{(1-10^{-7})^{10^7}\}^{\frac{y}{10^7}} \approx 10^7 e^{-\frac{y}{10^7}}.$$

両辺の log をとって（$\approx$ は $=$ と見なせば）

$$\log x = \log 10^7 - \frac{y}{10^7}.$$

y を x の関数として書けば

$$y = 10^7(\log 10^7 - \log x) = 10^7 \log \frac{10^7}{x}.$$

ネイピアの頭文字 N をとって，彼の対数関数を $y = N(x)$ と書けば

$$N(x) = 10^7 \log \frac{10^7}{x}$$

となる．log の対数公式から容易に次の公式を得る：

$$N(xx') = N(x) + N(x') - 10^7 \log 10^7.$$

このように積 xx' の計算を和 $N(x)+N(x')$ に帰することができる．

ネイピアが対数表を発表した翌1615年，彼を訪れたオクスフォードの幾何の教授 Briggs（ブリッグス）(1561 - 1639) は 10 のべきを使うことを提案し，ネイピアの没後，現代使われているような底 10 の対数表を完成させた．有名な天文学者 Kepler（ケプラー）(1571 - 1630) が対数表を利用して惑星の軌道を計算したことにより，対数表の有用性が広く認められるようになった．

同じように対数公式の原理に基づいた計算尺も対数表も計算機の発展と共にほとんど姿を消してしまったが，30 年位前までは技術者にとって不可欠のものであった．

6. 双曲線関数

ここでは単に形式的に

(6.1) $$\begin{cases} \sinh t = \dfrac{e^t - e^{-t}}{2}, & \cosh t = \dfrac{e^t + e^{-t}}{2}, \\ \tanh t = \dfrac{\sinh t}{\cosh t} = \dfrac{e^t - e^{-t}}{e^t + e^{-t}} \end{cases}$$

と**双曲線関数**を定義しておく．双曲線とどういう関係があるのかとか，三角関数と似た記号を使うのはなぜかといったことは後でわかる．

(6.1) から簡単な計算で

(6.2) $\qquad \cosh^2 t - \sinh^2 t = 1$

を得る．そこで

$$x = \cosh t, \qquad y = \sinh t$$

とおけば

$$x^2 - y^2 = 1$$

となる．ということは，t が変わるにつれて点 $(\cosh t, \sinh t)$ は双曲線の上を動く．

定義 (6.1) と指数公式 $e^{u+v} = e^u e^v$ から簡単な計算で次の公式を得る：

(6.3) $\qquad \sinh(u+v) = \sinh u \cosh v + \cosh u \sinh v$,

(6.4) $\qquad \cosh(u+v) = \cosh u \cosh v + \sinh u \sinh v$.

そこで $u = v$ とすれば

(6.5) $\qquad \sinh 2u = 2 \sinh u \cosh u$,

(6.6) $\qquad \cosh 2u = \cosh^2 u + \sinh^2 u$.

(6.2) と (6.6) からすぐに次の公式が得られる：

(6.7) $\qquad \cosh 2u + 1 = 2 \cosh^2 u$,

(6.8) $\qquad \cosh 2u - 1 = 2 \sinh^2 u$.

このように三角関数のいろいろな公式に類似の公式が双曲線関数に対しても成り立つ．

定義 (6.1) から

(6.9) $\quad\sinh(-x) = -\sinh x, \quad \cosh(-x) = \cosh x.$

すなわち $\sinh x$ は奇関数，$\cosh x$ は偶関数である．グラフでいえば $y = \sinh x$ のグラフは原点に関して対称，$y = \cosh x$ のグラフは y 軸に関して対称である．$y = \sinh x$ と $y = \cosh x$ のグラフは $y = \dfrac{1}{2}e^x$ のグラフと比較するとよい（図 6.1）．定義 (6.1) から明らかに

$$\sinh x < \frac{1}{2}e^x < \cosh x$$

であるから $y = \sinh x$ のグラフは $y = \dfrac{1}{2}e^x$ のグラフの下にあり，$y = \cosh x$ のグラフは $y = \dfrac{1}{2}e^x$ のグラフの上にある．また，$\dfrac{1}{2}e^x$ と $\sinh x$ の差も，$\cosh x$ と $\dfrac{1}{2}e^x$ の差も $\dfrac{1}{2}e^{-x}$ だが，x が大きくなると $\dfrac{1}{2}e^{-x}$ は次第に小さくなり 0 に近付くから，これら 3 つのグラフは x が大きくなるに従って互いに近付く．

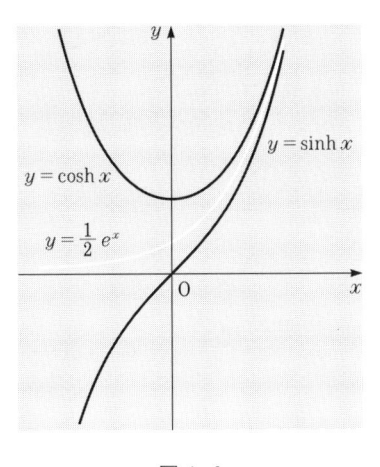

図 6.1

一方，$y = \tanh x = \dfrac{e^x - e^{-x}}{e^x + e^{-x}}$ は奇関数で $|\tanh x| < 1$ は明らか．分母と分子に e^{-x} を掛けて

$$\tanh x = \frac{1 - e^{-2x}}{1 + e^{-2x}}$$

と書けば，$x \to \infty$ のとき $\tanh x \to 1$ となることがわかる．同様に分母と分子に e^x を掛け $x \to -\infty$ とすれば $\tanh x \to -1$ となることがわかる．

(6.10)
$$\operatorname{csch} x = \frac{1}{\sinh x}, \quad \operatorname{sech} x = \frac{1}{\cosh x}, \quad \operatorname{coth} x = \frac{1}{\tanh x}$$

のグラフおよび $\tanh x$ のグラフは図 $6.2, 6.3, 6.4$ のようになる．

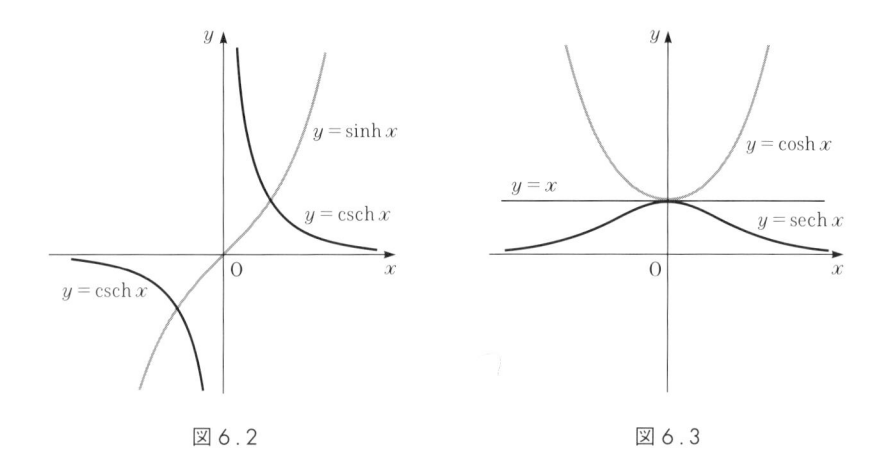

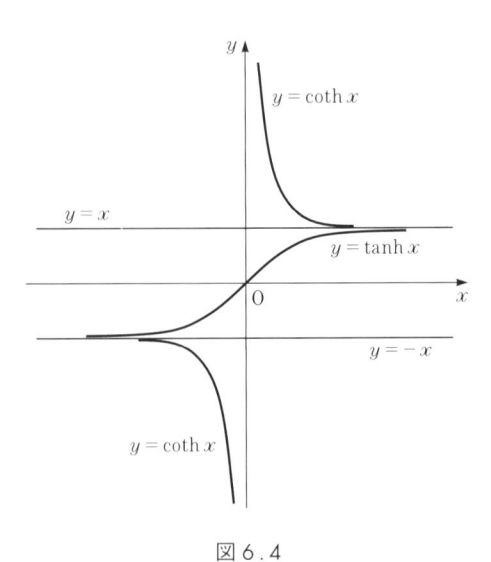

図 6.2

図 6.3

図 6.4

双曲線関数の逆関数

双曲線関数の逆関数は対数関数によって表わすことができる．

（ⅰ） $y = \tanh^{-1} x$

を

$$x = \tanh y = \frac{\sinh y}{\cosh y} = \frac{e^y - e^{-y}}{e^y + e^{-y}} = \frac{e^{2y} - 1}{e^{2y} + 1}$$

と書き直し，e^{2y} を x の関数として表わすため，両辺に $e^{2y} + 1$ を掛け，

$$x e^{2y} + x = e^{2y} - 1, \quad \text{すなわち} \quad 1 + x = (1-x)e^{2y}.$$

したがって

$$e^{2y} = \frac{1+x}{1-x} \qquad (\, e^{2y} > 0 \text{ だから } |x| < 1 \,).$$

両辺の log をとり 2 で割れば $y = \frac{1}{2} \log \dfrac{1+x}{1-x}$．ゆえに

(6.11) $\quad \tanh^{-1} x = \dfrac{1}{2} \log \dfrac{1+x}{1-x} \qquad (\,|x| < 1\,)$.

（ⅱ） $y = \coth^{-1} x$

は

$$x = \coth y = \frac{e^y + e^{-y}}{e^y - e^{-y}} = \frac{e^{2y} + 1}{e^{2y} - 1}$$

と書き直せば

$$x(e^{2y} - 1) = e^{2y} + 1, \quad \text{すなわち} \quad (x-1)e^{2y} = x + 1.$$

したがって

$$e^{2y} = \frac{x+1}{x-1} \qquad (\, e^{2y} > 0 \text{ だから } |x| > 1 \,).$$

ゆえに

(6.12) $\quad \coth^{-1} x = \dfrac{1}{2} \log \dfrac{x+1}{x-1} \qquad (\,|x| > 1\,)$.

これを (6.11) と較べると定義域が違うことに注意．

（ⅲ） $y = \sinh^{-1} x$

は

$$x = \sinh y = \frac{e^y - e^{-y}}{2} = \frac{e^{2y} - 1}{2e^y}$$

と書き直し，両辺に e^y を掛けたものを e^y の 2 次式と考える．

$$2x\,e^y = e^{2y} - 1, \quad \text{すなわち} \quad (e^y)^2 - 2x\,e^y - 1 = 0.$$

この 2 次式を解いて

$$e^y = x \pm \sqrt{x^2 + 1}\,.$$

しかし $e^y > 0$ であるから，解は $e^y = x + \sqrt{x^2 + 1}$ だけである．両辺の log をとり，

$$y = \log(x + \sqrt{x^2 + 1}\,).$$

ゆえに

(6.13) $\quad \sinh^{-1} x = \log(x + \sqrt{x^2 + 1}\,) \qquad (-\infty < x < \infty)$.

(iv) $\quad y = \cosh^{-1} x$

は (iii) と全く同様に

(6.14) $\quad \cosh^{-1} x = \log(x + \sqrt{x^2 - 1}\,) \qquad (x \geq 1)$.

ここでは $\log(x - \sqrt{x^2 - 1}\,)$ も可能だが，$\cosh^{-1} x$ は通常 $\cosh^{-1} x \geq 0$ となるように選ぶ．$\sinh^{-1} x,\ \cosh^{-1} x,\ \tanh^{-1} x$ のグラフは図 6.5, 6.6, 6.7 のようになる．

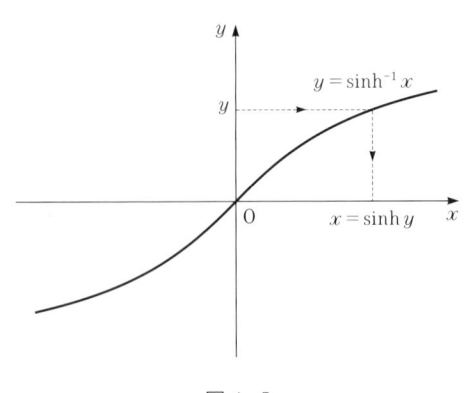

図 6.5

6. 双曲線関数

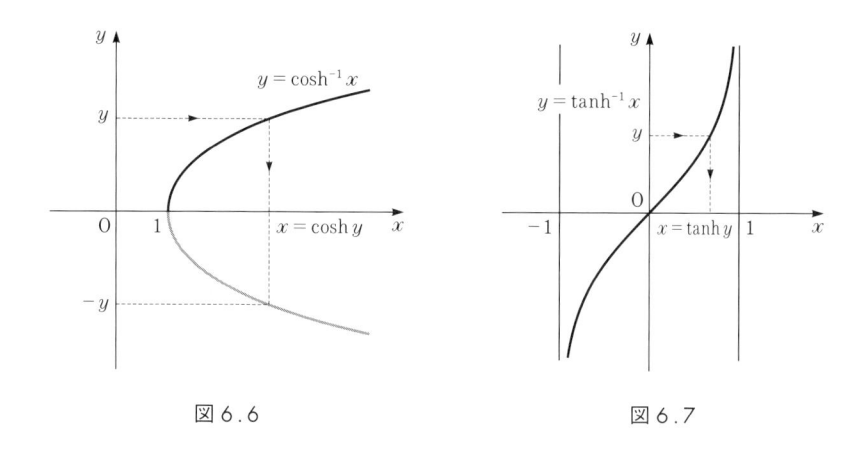

図6.6

図6.7

> ロープや鎖の両端を持ったとき，それが垂れ下がった形を **懸垂線**（catenoid）とよぶが，Galileo Galilei (1564 - 1642) はこれを誤って放物線だと思った．懸垂線の正しい式は係数などを無視すれば $y = \dfrac{e^x + e^{-x}}{2}$，すなわち双曲線関数 $y = \cosh x$ で与えられる（図6.1を見ればわかるように，$y = \cosh x$ のグラフは放物線に似ている）．正しい式を最初に求めたのは Huygens (1626 - 1695) である．
>
> Lobachevsky (1793 - 1856) と Bolyai (1802 - 1860) によって発見された非ユークリッド幾何（双曲幾何）の三角法は双曲線関数によって記述される．記号 $\sinh x$, $\cosh x$, $\tanh x$ を導入して双曲三角法を広めた Lambert (1728 - 1777) も非ユークリッド幾何の発見に非常に近付いたが成功しなかった．

7. 複素数

　微積分のためには数の範囲は実数まで拡げれば大体において十分である．しかし，複素数を使うことにより理解が深まるようなこともある．

　実係数の 2 次式
$$ax^2 + bx + c = 0$$
の解の公式
$$x = \frac{-b \pm \sqrt{b^2 - 4ac}}{2a}$$
で判別式 $b^2 - 4ac$ が負になるときには複素数を使わないと解がないことになる．歴史的にはこれが複素数を使うようになった動機ではない．16 世紀頃までは " 判別式が負のときは解はない " としてそれで話は終っていたのである．しかし Cardano (1501 - 1576) が $x^3 = 15x + 4$ の形の 3 次式を解いたとき，一般の $x^3 = 3px + q$ ($p, q > 0$) に対する解法を使って
$$x = \sqrt[3]{2 + \sqrt{-121}} + \sqrt[3]{2 - \sqrt{-121}}$$
を得たが，実は
$$\sqrt[3]{2 + \sqrt{-121}} = 2 + \sqrt{-1}, \qquad \sqrt[3]{2 - \sqrt{-121}} = 2 - \sqrt{-1}$$
なので $x = 4$ となり，この解を捨てるわけにはいかず，複素数を使わざるを得なかったのである．

　しかし歴史を無視すれば，
$$x^2 + 1 = 0$$
を解くために $\sqrt{-1}$ を導入しなければならないというのが一番わかり良いであろう．そこで $i = \sqrt{-1}$ [1] とおいて
$$a + bi \qquad (a, b \in \mathbf{R})$$

---

1) $x^2 = 2$ の 2 つの解の正の方を $\sqrt{2}$，負の方を $-\sqrt{2}$ とすることで $\sqrt{2}$ は確定するが，$x^2 = -1$ の 2 つの解の場合には正負で区別できない．したがって，1 つの解 (どちらでもよい) を i とよぶのである．

の形をしたものを**複素数**(complex number),a をその**実部**(real part),b をその**虚部**(imaginary part)とよぶ.複素数全体の集合を **C** と書き表わす:
$$\mathbf{C} = \{\, a + bi \,;\, a, b \in \mathbf{R}\,\}.$$
複素数 $\alpha = a + bi$ に対し $a - bi$ を α の**共役**(conjugate)とよび $\bar{\alpha}$ と書く.

2つの複素数 $a + bi$ と $a' + b'i$ との和と差は

(7.1) $\begin{cases} (a+bi)+(a'+b'i)=(a+a')+(b+b')i, \\ (a+bi)-(a'+b'i)=(a-a')+(b-b')i \end{cases}$

と定義する.積は
$$i^2 = -1$$
と 通常の加法,乗法に関する法則が成り立つように定義する.すなわち,

(7.2) $\quad (a+bi)(a'+b'i) = (aa' - bb') + (ab' + ba')i$

とする.商も通常の法則を使うと,$a + bi \neq 0$ のとき,
$$\frac{a'+b'i}{a+bi} = \frac{(a'+b'i)(a-bi)}{(a+bi)(a-bi)}$$
$$= \frac{aa' + bb' + (ab' - ba')i}{a^2 + b^2}$$
でなければならないから,

(7.3) $\quad \dfrac{a'+b'i}{a+bi} = \dfrac{aa'+bb'}{a^2+b^2} + \dfrac{ab'-ba'}{a^2+b^2}\, i$

と定義する.

$\alpha = a + bi$ の**絶対値**(absolute value)$|\alpha|$ を
$$|\alpha| = \sqrt{\alpha \bar{\alpha}} = \sqrt{a^2 + b^2}$$
によって定義する.

実数 a は虚部が 0 の複素数 $a + 0i$ と考え,**R** を **C** の部分集合と見なすとき,**C** における加減乗除や絶対値などは **R** の場合の拡張になっている.

複素数を理解するには次のように平面上の点と考えるのが一番良い．図7.1のように (x, y) - 平面で座標が (x, y) の点によって複素数 $z = x + iy$ を表わすのである．

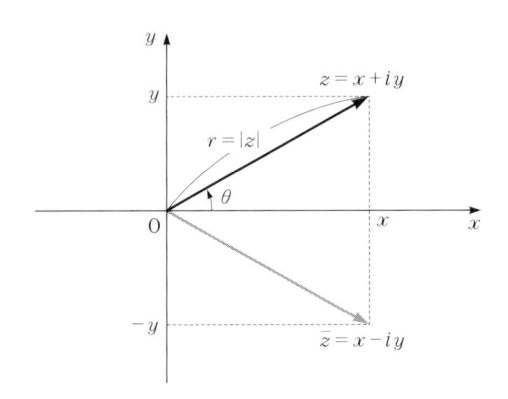

図7.1

上のような複素数の表現と三角関数との間には次のような有用な関係がある．図7.1のように $r = |z|$, $0z$ が x 軸とつくる角を θ とすると

(7.4) $\qquad x = r\cos\theta, \qquad y = r\sin\theta$

だから

(7.5) $\qquad z = r(\cos\theta + i\sin\theta)$

と書ける．θ を z の**偏角**(argument)とよび，$\arg(z)$ と書く（arg は argument の略）．しかし，θ を $\theta + 2\pi$ にしても，もっと一般に θ に 2π の整数倍を加えても，対応する平面上の点 z は変わらないから，z の偏角 $\arg(z)$ は一意に定まらない．常に $2k\pi$ ($k = 0, \pm 1, \pm 2, \cdots$) の差だけ曖昧さが残る．与えられた z に対し，θ を一意に定めるには $-\pi < \theta \leq \pi$ という条件を付ければよい．そのような θ を z の**主偏角**とよび，$\mathrm{Arg}(z)$ と書く．

複素数を平面上の点として表わしたとき，それを原点からのベクトルと考えれば，2つの複素数 z_1, z_2 の和 $z_1 + z_2$，差 $z_2 - z_1$ は次のページの図7.2のようにベクトルの和，差として表わされる．

7. 複 素 数

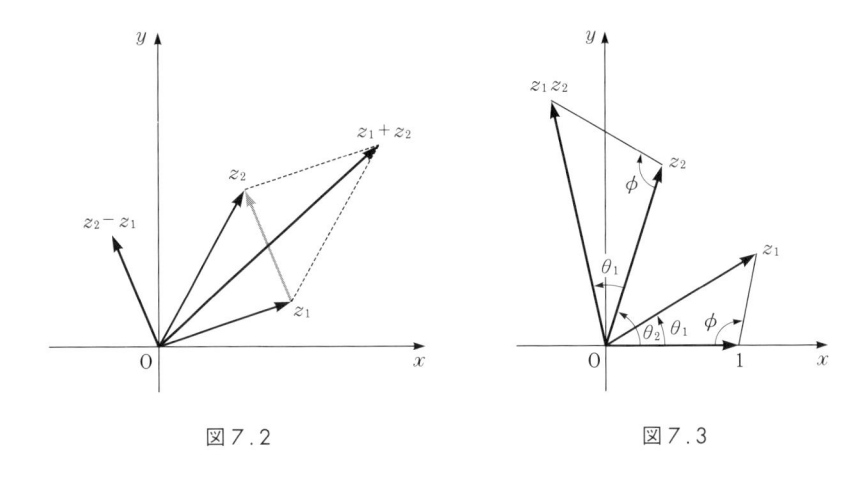

図 7.2　　　　　　　　図 7.3

2つの複素数 z_1, z_2 の積を考えるには，(7.5) のような極座標 (r, θ) による表現を使うのが便利である．

$$(7.6) \quad \begin{cases} z_1 = r_1(\cos\theta_1 + i\sin\theta_1), \\ z_2 = r_2(\cos\theta_2 + i\sin\theta_2) \end{cases}$$

とすると

$$z_1 z_2 = r_1 r_2 \{(\cos\theta_1 \cos\theta_2 - \sin\theta_1 \sin\theta_2) \\ + i(\sin\theta_1 \cos\theta_2 + \cos\theta_1 \sin\theta_2)\}$$

だから，加法公式 (2.3), (2.4) を使えば

$$(7.7) \quad z_1 z_2 = r_1 r_2 \{\cos(\theta_1 + \theta_2) + i\sin(\theta_1 + \theta_2)\}$$

と書ける．すなわち，$z_1 z_2$ の絶対値は 絶対値の積 $r_1 r_2$，偏角は 偏角の和 $\theta_1 + \theta_2$ で与えられる．上の図 7.3 は z_1 と z_2 の積を表わしている．三角形 $\triangle 0 1 z_1$ と $\triangle 0 z_2 (z_1 z_2)$ は相似になるように描いてある（そのために三角形の頂点に 1 を選び，1 における角 ϕ と，z_2 における角 ϕ を等しくとってある）．$0 z_2$ の長さが r_2 だから，$\triangle 0 z_2 (z_1 z_2)$ は $\triangle 0 1 z_1$ の r_2 倍，したがって $0(z_1 z_2)$ の長さは $0 z_1$ の長さ r_1 の r_2 倍になっている．

$\dfrac{z_1}{z_2}$ を極座標で表わし，$\dfrac{z_1}{z_2} = r(\cos\theta + i\sin\theta)$ とおいて $z_1 = \dfrac{z_1}{z_2} z_2$ に (7.7) を適用すれば

$$r_1(\cos\theta_1 + i\sin\theta_1) = rr_2\{\cos(\theta + \theta_2) + i\sin(\theta + \theta_2)\}.$$

したがって $r = \dfrac{r_1}{r_2}$, $\theta = \theta_1 - \theta_2$. すなわち

(7.8) $\qquad \dfrac{z_1}{z_2} = \dfrac{r_1}{r_2}\{\cos(\theta_1 - \theta_2) + i\sin(\theta_1 - \theta_2)\}.$

次の**ドゥ・モアブルの定理**(theorem of De Moivre) は (7.7) から明らかである．

(7.9) $\quad z = r(\cos\theta + i\sin\theta)$ なら
$$z^n = r^n(\cos n\theta + i\sin n\theta) \quad (n = 0, \pm 1, \pm 2, \cdots).$$

逆に $\sqrt[n]{r}\left(\cos\dfrac{\theta}{n} + i\sin\dfrac{\theta}{n}\right)$ は $r(\cos\theta + i\sin\theta)$ の n 乗根になるが，k が整数のとき $\cos(\theta + 2k\pi) = \cos\theta$, $\sin(\theta + 2k\pi) = \sin\theta$ だから，

(7.10) $\qquad \sqrt[n]{r}\left\{\cos\left(\dfrac{\theta}{n} + \dfrac{2k\pi}{n}\right) + i\sin\left(\dfrac{\theta}{n} + \dfrac{2k\pi}{n}\right)\right\}$
$$(k = 0, 1, 2, \cdots, n-1)$$

がすべて $r(\cos\theta + i\sin\theta)$ の n 乗根となる．これら n 個の n 乗根がすべて相異なり，これで全部であることも容易にわかる．

8. 代数学の基本定理

閉曲線の位相的性質を使う証明

2次方程式 $ax^2 + bx + c = 0$ は a, b, c が実数であっても実数の解をもつとは限らない．しかし，数の範囲を複素数にまで拡げれば常に解が存在する．もっと高次の方程式に対しても解の存在を保証するのが次の**代数学の基本定理**(fundamental theorem of algebra) である．

8. 代数学の基本定理

定理 1 複素係数の方程式
$$z^n + a_1 z^{n-1} + \cdots + a_n = 0 \qquad (n \geq 1, \ a_i \in \mathbf{C})$$
には常に解がある．

証明の際に使うトポロジーの非常に簡単な結果について説明しておく．2つの平面を考え，1つの平面では実座標 (x, y) と複素座標 $z = x + iy$ を使い，もう1つの平面では実座標 (u, v) と複素座標 $w = u + iv$ を使う．この2つの平面をそれぞれ z 平面，w 平面とよぶことにする．複素関数
$$w = z^n$$
により，z 平面の点に対して w 平面の点が対応する．絶対値1の z は原点0を中心とする半径1の円を描く．$|z^n| = |z|^n$ だから $|z| = 1$ のとき，$w = z^n$ も絶対値1である．7節で説明したように，$|z| = 1$ である z は極座標を使って $z = \cos\theta + i\sin\theta$ と書け，
$$w = z^n = \cos n\theta + i\sin n\theta$$
となる．すなわち，z が $z = 1$ から出発して単位円上を正の方向（時計の針が進む方向と反対の方向）に動き，θ が 0 から $\dfrac{2\pi}{n}$ まで動くとき，w は w 平面の単位円上を $w = 1$ から z の n 倍の速さで動き，円上を1周する．z が単位円上を1周するとき，w は単位円を n 周する．この単位円を n 回ぐるぐるまわる閉曲線を w 平面上で徐々に（連続的に）動かして，ただし動かす途中で原点0を通過しないで，原点を含まないような円の中にもっていくことは不可能である．これは図8.1のように w 平面上で原点のところに細い円柱を立て，中心が原点の単位円上を糸が n

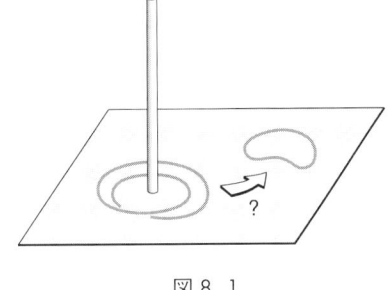

図 8.1

回ぐるぐると巻いていて糸の両端は結んで輪になっているとき，この糸の輪を平面上で徐々に動かして円柱の外にある円までもっていくことは糸が伸縮可能であったとしてもできない．動かす際にどうしても円柱にひっかかってしまう．この直観的に非常に明白な事実は証明なしで承認することにする（証明をするにはトポロジーのホモトープの概念を必要とする）．

証明 以上のことさえ認めれば定理1の証明は易しい．
$$f(z) = z^n + a_1 z^{n-1} + \cdots + a_n$$
とおき，$f_t(z)$（$0 \le t \le 2$）を次のように定義する：
$$f_t(z) = t^n f\left(\frac{z}{t}\right) = z^n + t\, a_1 z^{n-1} + t^2 a_2 z^{n-2} + \cdots + t^n a_n$$
$$(0 \le t \le 1),$$
$$f_t(z) = f((2-t)z) = (2-t)^n z^n + (2-t)^{n-1} a_1 z^{n-1} + (2-t)^{n-2} a_2 z^{n-2}$$
$$+ \cdots + a_n \quad (1 \le t \le 2).$$
$t^n f\left(\dfrac{z}{t}\right)$ において $\dfrac{z}{t}$ は $t=0$ では定義されないが，右辺の式を使えば
$$f_0(z) = z^n$$
となり，$f_t(z)$ は $t=0$ でも定義される．$f_1(z)$ は $f(z)$ に等しい．

$f(z) = 0$ の解がないと仮定して矛盾を示せばよい．z が中心0の単位円を1周するとき，$f_t(z)$ が描く閉曲線を C_t と書く．C_t は原点0を通らない．なぜなら，まず C_0 は $f_0(z) = z^n$ で与えられるから，中心0の単位円上を n 回まわるだけなので原点0は通らない．$0 < t \le 1$ に対しては，もし C_t が0を通るとすると $f_t(\alpha) = 0$ となる α が（単位円上に）あることになるが，そうすると $f(\alpha/t) = 0$ となり，$f(z) = 0$ の解が存在することになってしまう．$1 \le t \le 2$ に対しては，もし C_t が0を通るとすると $f_t(\alpha) = 0$ となる α があることになるが，そうすると $f((2-t)\alpha) = 0$ となり，$f(z) = 0$ の解が存在することになってしまう．これで，閉曲線 C_0 が t と共に徐々に変化して C_2 になるが，そのとき途中で C_t が0を通ることはないことがわかった．C_0 は $f(z) = z^n$ で定義され中心0の単位円上を n 周する曲線で，t が2に近くなると C_t は a_n に近付き，C_2 は1点 a_n になってしまう．これは証明の前に説明したトポロジーの結果に矛盾する． ◇

8. 代数学の基本定理

系 n 次多項式 $f(z) = z^n + a_1 z^{n-1} + \cdots + a_n$ は

(8.1) $\qquad f(z) = (z - \alpha_1)(z - \alpha_2) \cdots (z - \alpha_n)$

$\qquad\qquad\qquad\qquad$ ($\alpha_1, \alpha_2, \cdots, \alpha_n$ は複素数)

と因数分解される.

証明 α_1 を $f(z) = 0$ の解として $f(z)$ を $z - \alpha_1$ で割ると割り切れ, $f(z) = (z - \alpha_1)g(z)$ ($g(z)$ は $n-1$ 次多項式)と書ける.(割ったときの余りを C とすると $f(z) = (z - \alpha_1)g(z) + C$. そこで $z = \alpha_1$ とすると $f(\alpha_1) = 0$ から $C = 0$.) α_2 を $g(z) = 0$ の解として, $g(z) = (x - \alpha_2)h(z)$ ($h(z)$ は $n-2$ 次多項式)と書く.これを繰り返せばよい. $\qquad\diamondsuit$

ここまでは一般に係数が複素数の多項式を考えた.今度は

$$f(x) = x^n + a_1 x^{n-1} + \cdots + a_n$$

の係数 $a_1, \cdots, a_n$ が実数の場合,実係数の多項式に因数分解することを考える.複素数 a に対して,その複素共役を $\bar{a}$ で表わすものとすれば $\bar{a}_1 = a_1, \cdots, \bar{a}_n = a_n$ だから

$$\overline{f(\alpha)} = \bar{\alpha}^n + \bar{a}_1 \bar{\alpha}^{n-1} + \cdots + \bar{a}_n$$
$$= \bar{\alpha}^n + a_1 \bar{\alpha}^{n-1} + \cdots + a_n = f(\bar{\alpha})$$

である.特に α が $f(x)$ の根,すなわち $f(\alpha) = 0$ ならば, $\bar{\alpha}$ も $f(x)$ の根である.したがって, $f(x)$ の実数でない根はその複素共役と対になって現われる.上の系における因数分解

$$f(x) = (x - \alpha_1)(x - \alpha_2) \cdots (x - \alpha_n)$$

において,例えば α_1 が実数でなければ $\bar{\alpha}_1$ は $\alpha_2, \cdots, \alpha_n$ のどれかである.いま $\bar{\alpha}_1 = \alpha_2$ とする. $(x - \alpha_1)(x - \bar{\alpha}_1)$ だけ掛け合せると実係数の 2 次式

$$p(x) = (x - \alpha_1)(x - \bar{\alpha}_1) = x^2 - (\alpha_1 + \bar{\alpha}_1)x + \alpha_1 \bar{\alpha}_1$$

を得る. $(x - \alpha_3)(x - \alpha_4) \cdots (x - \alpha_n)$ は実係数の多項式 $f(x)$ を実係数の多項式 $p(x)$ で割ったときの商だから,やはり実係数の多項式である.これに

また同じことを繰り返せば，実係数の多項式 $f(x)$ は

(8.2) $\qquad f(x) = p_1(x) \cdots p_m(x)(x - c_1) \cdots (x - c_r)$

のように，実根をもたない $x^2 + 2ax + b$ の形の実係数2次式 $p_1(x)$, …, $p_m(x)$ と 実係数1次式 $x - c_1$, …, $x - c_r$ の積に因数分解される．

2次式 $x^2 + 2ax + b$ が実根をもたないということは，判別式 $a^2 - b < 0$ で

$$x^2 + 2ax + b = (x + a)^2 + b - a^2$$
$$= (x + a)^2 + (\sqrt{b - a^2})^2 > 0$$

と書けることを注意しておく．

ダランベールの証明

最後に代数学の基本定理の d'Alembert（ダランベール）(1717‐1783) による歴史的に一番古い証明を述べておく．

$$f(z) = z^n + a_1 z^{n-1} + \cdots + a_n = 0 \qquad (a_i \in \mathbf{C})$$

に解がない，すなわち すべての $z \in \mathbf{C}$ で $f(z) \neq 0$ であると仮定して矛盾をだす．まず，任意の正数 $M > 0$ に対し十分大きい $R > 0$ をとれば，$|z| > R$ となる z に対し $|f(z)| > M$ となることを証明する．（大雑把にいえば，$|z| \to \infty$ なら $|f(z)| \to \infty$ ということである．）

$$f(z) = z^n \left(1 + \frac{a_1}{z} + \frac{a_2}{z^2} + \cdots + \frac{a_n}{z^n} \right)$$

と書き直す．R を大きくとって，$|z| > R$ なら $|z^n| > 2M$, $\left|\dfrac{a_1}{z}\right| < \dfrac{1}{2n}$, $\left|\dfrac{a_2}{z^2}\right| < \dfrac{1}{2n}$, …, $\left|\dfrac{a_n}{z^n}\right| < \dfrac{1}{2n}$ となるようにしておけば

$$\left| 1 + \frac{a_1}{z} + \frac{a_2}{z^2} + \cdots + \frac{a_n}{z^n} \right| \geq 1 - \left|\frac{a_1}{z}\right| - \left|\frac{a_2}{z^2}\right| - \cdots - \left|\frac{a_n}{z^n}\right| \geq \frac{1}{2}$$

だから $|f(z)| \geq |z^n| \dfrac{1}{2} > M$ となる．

8. 代数学の基本定理

特に $M = |f(0)| = |a_n|$ とする（仮定により $|f(0)| \neq 0$）．次に $|f(z)|$ は $|z| \leq R$ において最小値をとることを証明する．（円の外 $|z| > R$ では $|f(z)| > M = |f(0)|$ だから，$|f(z)|$ の $|z| \leq R$ における最小値は平面全体 $|z| < \infty$ における最小値となることを注意しておく．） **1**節の定理3で，閉区間 $a \leq x \leq b$ で連続な関数はそこで最大値および最小値をとることを証明したが，以下それと同様の証明である．$|f(z)| > 0$ だから下に有界で下限 $L = \inf\limits_{|z| \leq R} |f(z)|$ がある．$L = |f(z_0)|$ となるような点 z_0（$|z_0| \leq R$）があることを証明したいわけである．下限の定義により

$$|f(z_1)| < L+1, \quad |f(z_2)| < L+\frac{1}{2}, \quad \cdots, \quad |f(z_k)| < L+\frac{1}{k}, \quad \cdots\cdots$$

となるような点列 $z_1, z_2, \cdots$ が $|z| \leq R$ にとれる．$z_k = x_k + iy_k$ と書けば $|x_k| \leq R$, $|y_k| \leq R$ である．第1章 **6**節の定理1（ボルツァーノ・ワイヤシュトラスの定理）により 点列 $\{x_k\}$ の適当な部分列 $\{x_{k_m}\}$ は閉区間 $[-R, R]$ である点に収束する．$\{x_{k_m}\}$ に対応する $\{y_k\}$ の部分列 $\{y_{k_m}\}$ の適当な部分列も $[-R, R]$ である点に収束する．記号をこれ以上複雑にしないため，この部分列の部分列を $\{y_{k_m}\}$ と書き，それに対応する $\{x_k\}$ の部分列も $\{x_{k_m}\}$ と書くことにする．$x_0 = \lim\limits_{m\to\infty} x_{k_m}$, $y_0 = \lim\limits_{m\to\infty} y_{k_m}$ とおけば $x_0 + iy_0 = \lim\limits_{m\to\infty} z_{k_m}$ である．$z_0 = x_0 + iy_0$ とおけば $|f(z)|$ の連続性により $|f(z_0)| = \lim\limits_{m\to\infty} |f(z_{k_m})| = L$ となり，$|f(z)|$ は z_0 で最小値 L をとることが証明された．（$|f(z_0)| = L < M$ だから $|z_0| \leq R$ となることに注意．）

$f(z)$ は 0 にならないと仮定したから $L = f(z_0) > 0$．L は f の最小値だから，$|f(z)| \geq L > 0$ がすべての点 z で成り立つ．このことから矛盾をだすため，$|f(z_0 + h)| < |f(z_0)|$ となるような複素数 h を見つける．

$$f(z_0 + h) = (z_0 + h)^n + a_1(z_0 + h)^{n-1} + a_2(z_0 + h)^{n-2} + \cdots + a_n$$

を展開して，h の多項式として整理して（h の次数の低い方から書くと）

$$f(z_0 + h) = f(z_0) + A_1 h + A_2 h^2 + \cdots + A_{n-1} h^{n-1} + h^n.$$

$A_1, \cdots, A_{n-1}$ のうち 0 でない最初の係数を A_m とする.すなわち,$A_1 = \cdots = A_{m-1} = 0$,$A_m \neq 0$.すると

$$f(z_0 + h) = f(z_0) + A_m h^m + V,$$

ただし,$V = h^m(A_{m+1}h + \cdots + A_{n-1}h^{n-m-1} + h^{n-m})$.

そこで h を次の条件を満たすように選ぶ.まず,極座標で表わしたとき,$f(z_0)$ の偏角と $A_m h^m$ の偏角が π だけ(すなわち $180°$ だけ)違うようにする.いい換えれば,$f(z_0)$ と $A_m h^m$ を原点からでるベクトルと考えたとき反対に向いているようにする.複素数の積の偏角はそれぞれの偏角の和だから((7.7)参照),これは

$$\arg(f(z_0)) = \arg(A_m h^m) + \pi = \arg(A_m) + m\arg(h) + \pi$$

となるように h を選ぶということだから,$\arg(h)$ は

$$\arg(h) = \frac{1}{m}\{\arg(f(z_0)) - \arg(A_m) - \pi\}$$

によって定まる.その上で $|h|$ を十分小さくとって

$$|f(z_0)| > |A_m h^m|$$

となるようにする.そうすれば

$$|f(z_0) + A_m h^m| = |f(z_0)| - |A_m h^m|$$

となることがわかる(図 8.2).偏角はそのままにしておいて,必要なら $|h|$ をさらに小さくとって

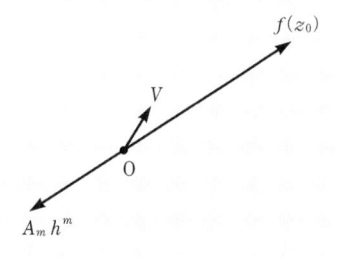

図 8.2

$$|A_{m+1}h + A_{m+2}h^2 + \cdots + A_{n-1}h^{n-m-1} + h^{n-m}| < \frac{1}{2}|A_m|$$

となるようにすれば $|V| < \frac{1}{2}|A_m h^m|$,したがって

$$|f(z_0 + h)| \leq |f(z_0) + A_m h^m| + |V| = |f(z_0)| - |A_m h^m| + |V|$$

$$< |f(z_0)| - |A_m h^m| + \frac{1}{2}|A_m h^m| = |f(z_0)| - \frac{1}{2}|A_m h^m|.$$

これで $|f(z_0 + h)| < |f(z_0)|$ が証明された.

8. 代数学の基本定理

　カルダノが 3 次方程式の実解が互いに共役な複素数の和として現われて困ったことは前節の冒頭に述べたが，この困難を解決したのは，1572 年に刊行された「代数学」において複素数の理論を導入したボローニヤの Bombelli (1530？- 1573？) である．$\sqrt{-1}$ を最初に記号 i で表わしたのは 18 世紀最大の数学者 Euler (1707 - 1783) である．彼は複素数を形式的に使い，

$$e^{it} = \cos t + i \sin t$$

などの有名な式を得た[1]．（記号 e, π もオイラーが使って普及した．）しかし，複素数が広く使われるようになったのは 19 世紀に入ってからである．複素数を平面上の点に対応させたのは 19 世紀最大の数学者 Gauss (1777 - 1855) である．（ちなみにオイラーはスイスの 10 フラン紙幣の，ガウスはドイツの 10 マルク紙幣の肖像になっている．）　複素数 $z = x + iy$ を平面の点 (x, y) に対応させることにより，単に複素数の幾何学的表現を得ただけでなく，後のリーマン面，そしてトポロジーへの道を開いたのである．

　実数の範囲では 2 次方程式でさえも解がないときもあるが，複素数まで数の概念を拡げることにより，すべての多項式に根があること（代数学の基本定理）がわかって以来，ますます複素数の重要性が認められ，複素数こそ一番自然な数の範疇と考えられるようになった．

　代数学の基本定理を最初に証明したのは ダランベール である（1746 年）．この節の終りに彼の証明を紹介したが，そこで連続関数 $|f(z)|$ が $|z| \leq R$ において最小値をとるという定理を使った．ダランベールの証明はこの定理を証明なしで使ったという意味で不完全であった．ダランベールはオイラーと同時代の人で（オイラーより 10 歳若く，同じ年に死亡）ボルツァーノ・ワイヤシュトラスの定理より 1 世紀も前のことで，下

---

[1]　証明は第 4 章 **9** 節で与える．

限と最小値の区別もなかった頃だから仕方がない．

ダランベールはパリのノートルダム寺院の近くの教会の入口に捨てられていてガラス屋の子として育てられた．彼の名前の Jean le Rond（ジャン・ル・ロン）は当時の習慣に従って，その教会の名称 Jean Baptiste le Rond からとられた．生母は貴族の出で彼は不義の子だった．彼が有名な数学者になったとき生母が名乗りでたが拒絶し，最期まで養母の面倒を看た．

ダランベールの証明も含めて完全な証明がなかったので，ガウスは学位論文で代数学の基本定理の完全な証明を与えることにした (1799 年)．彼の証明は
$$f(z) = u(x,y) + iv(x,y)$$
と書いて，曲線 $u(x,y) = 0$ と曲線 $v(x,y) = 0$ に交点がある（交点が $f(z) = 0$ の解にほかならない）ことを示すという方針であった．$f_0(z) = z^n$ という特別な場合，$z^n = u_0(x,y) + iv_0(x,y)$ とおき，ドゥ・モアブルの定理により極座標 (r, θ) を使うと
$$u_0(x,y) = r^n \cos n\theta, \qquad v_0(x,y) = r^n \sin n\theta$$
となるから，$u_0(x,y) = 0$ は原点を通る n 個の直線
$$\theta = \frac{\pi}{2n} + \frac{2k\pi}{n} \quad \left(\text{および } \frac{\pi}{2n} + \pi + \frac{2k\pi}{n}\right)$$
$$(k = 0, 1, 2, \cdots, n-1)$$
から成り，$v_0(x,y) = 0$ も原点を通る n 個の直線
$$\theta = \frac{2k\pi}{n} \quad \left(\text{および } \frac{2k\pi}{n} + \pi\right) \quad (k = 0, 1, 2, \cdots, n-1)$$
から成る．（次のページの図 8.3 は $n = 3$ の場合で，3 本の点線が $u_0(x,y) = 0$ を表わし，切れ目のない 3 本の直線が $v_0(x,y) = 0$ を表わす．）$|z|$ が大きくなると $f(z) = z^n + a_1 z^{n-1} + \cdots + a_n$ は $f_0(z) = z^n$ に似てくるから，大きな円の外では，$u(x,y) = 0$ は $u_0(x,y) = 0$ に，そして $v(x,y) = 0$ は $v_0(x,y) = 0$ に似てきて，その図は次のページの図 8.4 のようになる．もちろん円の内部の様子は複雑であるが，重要なのは点線

8. 代数学の基本定理

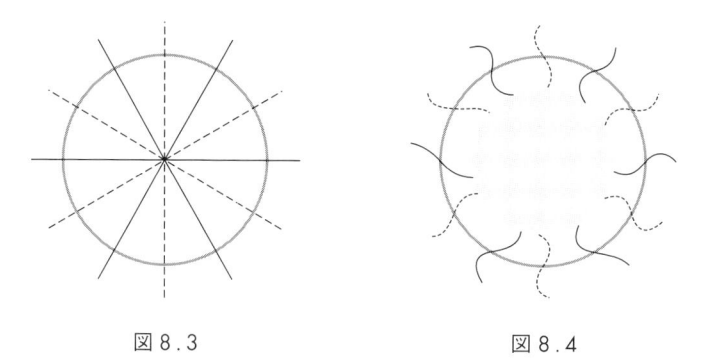

図 8.3　　　　　　図 8.4

の曲線（$u_0(x, y) = 0$）と切れ目のない曲線（$v_0(x, y) = 0$）が交互に円と交わっていることである．

ガウスは円内でどうなっているかいろいろな可能性を検討して，点線の曲線が切れ目のない曲線と交わることを結論した．しかし，彼の議論も現代の数学から見ると完全とはいえない．この学位論文の後，ガウスは 1815 年, 1816 年, 1849 年と さらに 3 回代数学の基本定理について書いている．1815 年の証明は，実係数の奇数次多項式は $x \to -\infty$ のときと $x \to \infty$ のときでは符号が異なるので実根がある（中間値の定理）ということを使う以外は代数的だが非常に長い．

ガウス以後もいろいろな証明が発表されている．関数論の本には $f(z) = 0$ が解をもたないとして $\dfrac{1}{f(z)}$ に Liouville (1809 - 1882) の定理を適用すれば，$f(z)$ は定数でなければならないという 1 行ですむ証明がある．また代数的には体 **C** の有限拡大があるとしてガロアの理論を使って矛盾をだす証明とか，現代数学の結果を使えば証明は非常に短くなる．代数学の基本定理（ガウスによる命名）といっても 100 パーセント代数的な証明はあり得ない．どこかで実数の連続性（例えば中間値の定理とかボルツァーノ・ワイヤシュトラスの定理）を使わねばならない．

9. 有理関数の標準形

複素数を係数とする有理関数 $\dfrac{g(z)}{f(z)}$ を考える．ここで，$f(z)$ と $g(z)$ は複素係数の多項式である．前節で示したように $f(z)$ と $g(z)$ を1次式に因数分解して共通の因数は約してしまい，$f(z)$ と $g(z)$ にはもはや共通の因数はないとする．すなわち $f(z) = 0$ と $g(z) = 0$ には共通の解はないとする．もし $g(z)$ の次数が $f(z)$ の次数より大きいか $f(z)$ の次数に等しい場合には，$g(z)$ を $f(z)$ で割った商を $q(z)$，余りを $h(z)$ とし，

$$(9.1) \qquad \frac{g(z)}{f(z)} = q(z) + \frac{h(z)}{f(z)}$$

と書く．$h(z)$ は $f(z)$ より低次の多項式である（これは分数 $\dfrac{22}{7}$ を $3 + \dfrac{1}{7}$ と書くのと似ている）．$g(z)$ は $f(z)$ と共通の1次式因数をもたないから，$h(z)$ も $f(z)$ と共通の1次式因数をもたない．すなわち，$f(z)$ と $h(z)$ は共通の根をもたない．

$a_1, a_2, \cdots, a_m$ を $f(z)$ の相異なる根として，$f(z)$ の1次式への分解を

$$(9.2) \qquad f(z) = c(z-a_1)^{k_1}(z-a_2)^{k_2}\cdots(z-a_m)^{k_m} \quad (\,c\text{ は定数}\,)$$

と書く．ここで $k_1, k_2, \cdots, k_m \geq 1$ である．このとき $\dfrac{h(z)}{f(z)}$ は次の形に書けることを証明する：

$$(9.3) \qquad \begin{aligned}\frac{h(z)}{f(z)} =& \frac{A_{10}}{(z-a_1)^{k_1}} + \frac{A_{11}}{(z-a_1)^{k_1-1}} + \cdots + \frac{A_{1\,k_1-1}}{z-a_1} \\ & + \frac{A_{20}}{(z-a_2)^{k_2}} + \frac{A_{21}}{(z-a_2)^{k_2-1}} + \cdots + \frac{A_{2\,k_2-1}}{z-a_2} \\ & + \cdots\cdots \\ & + \frac{A_{m0}}{(z-a_m)^{k_m}} + \frac{A_{m1}}{(z-a_m)^{k_m-1}} + \cdots + \frac{A_{m\,k_m-1}}{z-a_m}.\end{aligned}$$

ここで A_{ij} はすべて定数で，$A_{10}, A_{20}, \cdots, A_{m0}$ は0でないが他の A_{ij} は0かもしれない．(9.3)を $\dfrac{h(z)}{f(z)}$ の**標準形**（standard form）という．標準形は

有理関数を積分するときに特に便利である．

標準形を得るアルゴリズム

(9.3) を証明するために，すなわち順に A_{ij} を定めていくために，$c(z-a_2)^{k_2}\cdots(z-a_m)^{k_m}$ を $f_1(z)$ とおいて
$$f(z) = (z-a_1)^{k_1} f_1(z)$$
と書く．A（(9.3) の A_{10} にあたる）を未定の定数とすれば
$$(*)\qquad \frac{h(z)}{f(z)} - \frac{A}{(z-a_1)^{k_1}} = \frac{h(z) - A f_1(z)}{f(z)}.$$
$f_1(a_1) = c(a_1-a_2)^{k_2}\cdots(a_1-a_m)^{k_m} \neq 0$ だから $A = \dfrac{h(a_1)}{f_1(a_1)}$ と定義できる．$f(z)$ の根は $h(z)$ の根とはなり得ないから $h(a_1) \neq 0$，したがって $A \neq 0$．A の定義から明らかに
$$h(a_1) - A f_1(a_1) = 0.$$
したがって，$h(z) - A f_1(z)$ を1次式に因数分解すると，$z-a_1$ のべきが因数として現われる．$f_1(z)$ の定義から $f_1(a_2) = \cdots = f_1(a_m) = 0$．一方，$f(z)$ の根は $h(z)$ の根ではないから $h(a_2), \cdots, h(a_m) \neq 0$．したがって，
$$h(a_i) - A f_1(a_i) \neq 0 \qquad (i=2,3,\cdots,m).$$
ということは，$h(z) - A f_1(z)$ と $f(z)$ は $(z-a_1)$ のべきを共通の因数としてもつだけで，ほかには共通の因数はない．そこで，$h(z) - A f_1(z)$ と $f(z)$ の共通のべき $(z-a_1)^l$ を約し，
$$\tilde{h}(z) = \frac{h(z) - A f_1(z)}{(z-a_1)^l},$$
$$\tilde{f}(z) = \frac{f(z)}{(x-a_1)^l} = c(z-a_1)^{k_1-l}(z-a_2)^{k_2}\cdots(z-a_m)^{k_m}$$
とおく．$h(z) - A f_1(z)$ は $f(z)$ より次数が低いから，$\tilde{h}(z)$ も $\tilde{f}(z)$ より次数が低い．$A = A_{10}$ と書けば $(*)$ から
$$\frac{h(z)}{f(z)} - \frac{A_{10}}{(z-a_1)^{k_1}} = \frac{\tilde{h}(z)}{\tilde{f}(z)}$$

を得る．同様に再び有理関数 $\dfrac{\tilde{h}(z)}{\tilde{f}(z)}$ から $\dfrac{A'}{(z-a_1)^{k-l}}$ $\left(A'=\dfrac{\tilde{h}(a_1)}{f_1(a_1)}\right)$ を引く．この操作を続行すれば

(9.4)
$$\frac{h(z)}{f(z)}-\frac{A_{10}}{(z-a_1)^{k_1}}-\frac{A_{11}}{(z-a_1)^{k_1-1}}-\cdots-\frac{A_{1\,k_1-1}}{z-a_1}=\frac{h_1(z)}{f_1(z)}$$

の形に到達する．$f_1(z)$ の根は $a_2,\cdots,a_m$ だけになった．次に $z-a_2$ のべきについて同じ操作を繰り返す．そして最後に (9.3) に到達する．

これで理論的には $\dfrac{h(z)}{f(z)}$ が (9.3) の形に書けることがわかったが，実際どのようにして係数 A_{ij} を見つけるかという問題が残る．$A_{10},\cdots,A_{1\,k_1-1}$ を見つける方法を説明するが，$a_1=a$, $k_1=k$, $A_{1j}=A_j$ とおいて記号を簡単にしておけば，(9.4) は

$$\frac{h(z)}{f(z)}=\frac{A_0}{(z-a)^k}+\frac{A_1}{(z-a)^{k-1}}+\cdots+\frac{A_{k-1}}{z-a}+\frac{h_1(z)}{f_1(z)}$$

と書ける．この両辺に $(z-a)^k$ を掛けて

(9.5)
$$\frac{h(z)}{f_1(z)}=A_0+A_1(z-a)+\cdots+A_{k-1}(z-a)^{k-1}+\frac{(z-a)^k h_1(z)}{f_1(z)}.$$

さらに簡単にするため $x=z-a$ とおき，$h(z)$ と $f_1(z)$ を x の多項式として書き直すと

$$h(z)=b_0+b_1x+b_2x^2+\cdots+b_px^p,$$
$$f_1(z)=c_0+c_1x+c_2x^2+\cdots+c_qx^q.$$

このとき，x のべきの低い項から順に書くことが計算上大切である．そして $h(z)$ を $f_1(z)$ で x のべきの低い順に書いた多項式として割算をすれば

$$\frac{h(z)}{f_1(z)}=A_0+A_1x+\cdots+A_{k-1}x^{k-1}+\frac{x^k h_1(z)}{f_1(z)}$$

となり，この $A_0,A_1,\cdots,A_{k-1}$ が求める係数である．

実例

いま説明した方法は実例で実際に使ってみないとわかりにくいであろう．

[1] 有理関数

(9.6) $$\frac{-4z^3+7z^2-7z+1}{(z-1)^3(z^2-z+1)}$$

をとる．(9.6) の分母の実数根は 1 だから $x=z-1$ とおく．そうすると

$$h(z) = -4z^3+7z^2-7z+1$$
$$= -3-5x-5x^2-4x^3,$$
$$f_1(z) = z^2-z+1$$
$$= 1+x+x^2.$$

h を f_1 で割るときに次数の低い方から始めることに注意して計算すると右の図式のようになる．したがって，

$$
\begin{array}{r}
-3-2x \\
1+x+x^2 \overline{\smash{\big)}\,-3-5x-5x^2-4x^3} \\
\underline{-3-3x-3x^2} \\
-2x-2x^2-4x^3 \\
\underline{-2x-2x^2-2x^3} \\
-2x^3
\end{array}
$$

$$\frac{h(z)}{f_1(z)} = -3-2x+0\cdot x^2 - \frac{2x^3}{1+x+x^2}$$
$$= -3-2x - \frac{x^3\cdot 2}{z^2-z+1}$$

となる．x を $z-1$ に戻し両辺を $(z-1)^3$ で割って

(9.7) $$\frac{h(z)}{f(z)} = \frac{-3}{(z-1)^3} - \frac{2}{(z-1)^2} - \frac{2}{z^2-z+1}\cdot$$

$z^2-z+1 = \left(z-\dfrac{1+\sqrt{3}i}{2}\right)\left(z-\dfrac{1-\sqrt{3}i}{2}\right)$ と因数分解して $\dfrac{2}{z^2-z+1}$ を

$$\frac{2}{z-\dfrac{1-\sqrt{3}i}{2}} - \frac{2}{z-\dfrac{1+\sqrt{3}i}{2}}$$

としてもよいが，積分するときには複素数の入ってこない (9.7) のままにしておく方がよい (後で述べる実数の範囲での標準形参照)．

［2］ 上に述べたものは (9.3) の証明にのっとった方法であるが，場合によってはほかにもっと簡単な方法もある．

例えば，有理関数
$$\frac{2x^2 + 10x - 6}{(x+1)^2(x-1)}$$
は (9.3) によれば
$$\frac{2x^2 + 10x - 6}{(x+1)^2(x-1)} = \frac{A}{(x+1)^2} + \frac{B}{x+1} + \frac{C}{x-1}$$
と書けることがわかっている．定数 A, B, C をきめるため上式の両辺に $(x+1)^2(x-1)$ を掛け

($*$) $\quad 2x^2 + 10x - 6 = A(x-1) + B(x+1)(x-1) + C(x+1)^2$
$$= (B+C)x^2 + (A+2C)x + (A+B-C).$$

そこで両辺の係数を較べて
$$2 = B + C, \quad 10 = A + 2C, \quad 6 = A + B - C.$$
これを解いて $A = 7$, $B = \frac{1}{2}$, $C = \frac{3}{2}$ を得る．

あるいは，($*$) の1行目のままで両辺の x を -1 とすると，
 左辺は -14；右辺は $-2A$ となるから $A = 7$．

次に x を 1 とすると，
 左辺は 6；右辺は $4C$ となるから $C = \frac{3}{2}$．

B をきめるには，例えば $x = 0$ とおけば，
 左辺は -6；右辺は $-A - B + C$

で，既に A, C がわかっているから，すぐに $B = \frac{1}{2}$ を得る．

9. 有理関数の標準形

実数の範囲での標準形

次に実係数の多項式 $f(x)$ と $g(x)$ の商として書ける有理関数 $\dfrac{g(x)}{f(x)}$ の標準形を実数の範囲で求める．$g(x)$ の次数が $f(x)$ の次数より小さくない場合には，前と同じように $\dfrac{g(x)}{f(x)} = q(x) + \dfrac{h(x)}{f(x)}$ とし，$h(x)$ の方が $f(x)$ より次数が低い場合に帰する．以下 $h(x)$ の次数の方が小さいとして $\dfrac{h(x)}{f(x)}$ を考える．前節で証明したように $f(x)$ は

$$(9.8) \quad f(x) = c(x-a_1)^{k_1}\cdots(x-a_m)^{k_m} \\ \times (x^2+b_1x+c_1)^{l_1}\cdots(x^2+b_nx+c_n)^{l_n}$$

と因数分解される．ここで c, a_i, b_j, c_j はすべて実数で $a_1,\cdots,a_m$ は相異なり，$x^2+b_1x+c_1,\cdots,x^2+b_nx+c_n$ は相異なる実係数2次式で<u>根は実数でない</u>とする．そのとき $\dfrac{h(x)}{f(x)}$ は

$(9.9) \quad \dfrac{h(x)}{f(x)}$

$= \dfrac{A_{10}}{(x-a_1)^{k_1}} + \dfrac{A_{11}}{(x-a_1)^{k_1-1}} + \cdots + \dfrac{A_{1\,k_1-1}}{x-a_1}$

$+ \cdots\cdots$

$+ \dfrac{A_{m0}}{(x-a_m)^{k_m}} + \dfrac{A_{m1}}{(x-a_m)^{k_m-1}} + \cdots + \dfrac{A_{m\,k_m-1}}{x-a_m}$

$+ \dfrac{B_{10}x+C_{10}}{(x^2+b_1x+c_1)^{l_1}} + \dfrac{B_{11}x+C_{11}}{(x^2+b_1x+c_1)^{l_1-1}} + \cdots + \dfrac{B_{1\,l_1-1}x+C_{1\,l_1-1}}{x^2+b_1x+c_1}$

$+ \cdots\cdots$

$+ \dfrac{B_{n0}x+C_{n0}}{(x^2+b_nx+c_n)^{l_n}} + \dfrac{B_{n1}x+C_{n1}}{(x^2+b_nx+c_n)^{l_n-1}} + \cdots + \dfrac{B_{n\,l_n-1}x+C_{n\,l_n-1}}{x^2+b_nx+c_n}$

と書ける．これを $\dfrac{h(x)}{f(x)}$ の**標準形**という．

(9.9) の証明の前半は (9.3) の場合と同じ操作をすることにより，$f(x)$ が1次式の因数 $x-a_1,\cdots,x-a_m$ を含まず

$$f(x) = (x^2 + b_1 x + c_1)^{l_1} \cdots (x^2 + b_n x + c_n)^{l_n}$$

の形をしている場合に帰する．簡単のため $b_1 = b$, $c_1 = c$, $l_1 = l$ と書き，

$$f_1(x) = (x^2 + b_2 x + c_2)^{l_2} \cdots (x^2 + b_n x + c_n)^{l_n}$$

とおけば

$$f(x) = (x^2 + bx + c)^l f_1(x)$$

となる．$x^2 + bx + c$ の共役な根を $\alpha, \bar{\alpha}$ とする，すなわち $x^2 + bx + c = (x - \alpha)(x - \bar{\alpha})$. B, C を未定の定数とすれば

$$\frac{h(x)}{f(x)} - \frac{Bx + C}{(x^2 + bx + c)^l} = \frac{h(x) - (Bx + C)f_1(x)}{f(x)}.$$

$x^2 + b_2 x + c_2, \cdots, x^2 + b_n x + c_n$ は $x^2 + bx + c$ と異なるから，α と $\bar{\alpha}$ は $f_1(x)$ の根ではない．すなわち，$f_1(\alpha) \neq 0$, $f_1(\bar{\alpha}) \neq 0$. 実数 B, C を

$$B\alpha + C = \frac{h(\alpha)}{f_1(\alpha)}, \qquad B\bar{\alpha} + C = \frac{h(\bar{\alpha})}{f_1(\bar{\alpha})}$$

となるようにきめるため，1番目の式から2番目の式を引いて C を消去すると

$$B(\alpha - \bar{\alpha}) = \frac{h(\alpha)}{f_1(\alpha)} - \frac{h(\bar{\alpha})}{f_1(\bar{\alpha})}.$$

$\alpha - \bar{\alpha} \neq 0$ だから

$$B = \frac{1}{\alpha - \bar{\alpha}} \left(\frac{h(\alpha)}{f_1(\alpha)} - \frac{h(\bar{\alpha})}{f_1(\bar{\alpha})} \right)$$

を得る．同様にして

$$C = \frac{1}{\alpha - \bar{\alpha}} \left(\frac{\alpha h(\bar{\alpha})}{f_1(\bar{\alpha})} - \frac{\bar{\alpha} h(\alpha)}{f_1(\alpha)} \right).$$

$B = \bar{B}$, $C = \bar{C}$ となることは明らか．これで $B\alpha + C = \dfrac{h(\alpha)}{f_1(\alpha)}$ が成り立つように 実数 B, C がきまった．すなわち，

$$h(\alpha) - (B\alpha + C)f_1(\alpha) = 0.$$

したがって，α は $h(x) - (Bx + C)f_1(x)$ の根で，$h(x) - (Bx + C)f_1(x)$

は実多項式だから $\bar{a}$ も根である．よって，$x^2+bx+c=(x-a)(x-\bar{a})$ で $h(x)-(Bx+C)f_1(x)$ が割り切れる．$f(x)$ と $h(x)-(Bx+C)f_1(x)$ を x^2+bx+c のべき $(x^2+bx+c)^p$ で割り，

$$\tilde{f}(x)=\frac{f(x)}{(x^2+bx+c)^p} \quad \text{と} \quad \tilde{h}(x)=\frac{h(x)-(Bx+C)f_1(x)}{(x^2+bx+c)^p}$$

は共通因数がないようにして，

$$\frac{h(x)}{f(x)}-\frac{Bx+C}{(x^2+bx+c)^l}=\frac{\tilde{h}(x)}{\tilde{f}(x)}$$

を得る．$\dfrac{\tilde{h}(x)}{\tilde{f}(x)}$ に同じ操作を続行し，(9.3) の場合とほとんど同じ議論で (9.9) を得る．

例 $\dfrac{4-2x}{(x^2+1)(x-1)}$ について考える．(9.9) によれば

$$\frac{4-2x}{(x^2+1)(x-1)^2}=\frac{A}{(x-1)^2}+\frac{B}{x-1}+\frac{Cx+D}{x^2+1}$$

と書ける．両辺に $(x^2+1)(x-1)^2$ を掛けて

$$4-2x=A(x^2+1)+B(x^2+1)(x-1)+(Cx+D)(x-1)^2.$$

$x=1$ とおけば $A=1$ を得る．$x=i$ とおけば $4-2i=(Ci+D)(i-1)^2=2C-2Di$，実部と虚部を較べて $C=2$, $D=1$ を得る．最後に $x=0$ とおけば $B=-2$ を得る．したがって

(9.10) $$\frac{4-2x}{(x^2+1)(x-1)^2}=\frac{1}{(x-1)^2}-\frac{2}{x-1}+\frac{2x+1}{x^2+1}. \qquad \diamond$$

第3章　微　　　分

　微分の定義を詳しく説明した後，いろいろな関数の微分の計算を簡単な場合に帰するための基本的公式を証明する．これらの公式と初等関数の微分の公式を組み合わせることにより，通常必要な関数の微分を求めることができる．関数を繰り返して微分することにより，特に第2,第3階微分まで計算して関数の挙動を調べる．関数の微分を限りなく繰り返して テイラー展開とよばれる べき級数を得るが，これが与えられた関数に収束するかという問題も考えるが，そのとき平均値の定理が役に立つ．

1. 直線とその勾配

(x, y)-平面上で式

(1.1) $\qquad y = ax + b$

によって定義される直線を考えてみる．$x = 0$ のとき $y = b$ だから，この直線は点 $(0, b)$ を通る．x が 1 増えると y は a 増える．したがって**勾配**（傾き）は a であり，直線は図 1.1 (a) のようである．勾配はいたるところ a であって一定である．

逆に，直線はその上の 1 点と勾配が与えられればきまる．点 (x_0, y_0) を通って勾配 a の直線の方程式を求めるには，直線上の任意の点を (x, y) とすると図の (b) から明らかなように その勾配は

(1.2) $\qquad \dfrac{y - y_0}{x - x_0}$

だから，求める式は

(1.3) $\qquad \dfrac{y - y_0}{x - x_0} = a$

で与えられる．必要なら (1.3) を (1.1) の形にするのは容易である．

直線はその上の 2 点が与えられればきまる．2 点 (x_0, y_0) と (x_1, y_1) を通る直線の勾配は図の (b) から明らかなように

(1.4) $\qquad \dfrac{y_1 - y_0}{x_1 - x_0}$

だから直線の方程式は (1.3) により

(1.5) $\qquad \dfrac{y - y_0}{x - x_0} = \dfrac{y_1 - y_0}{x_1 - x_0}$

で与えられる．

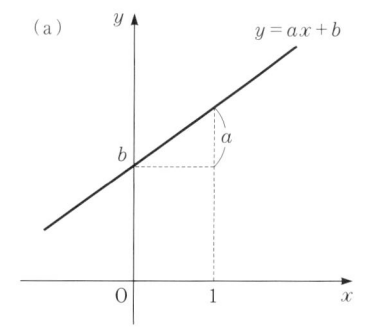

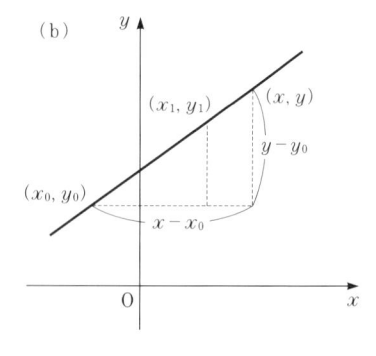

図 1.1

2. 微分

微分と接線の勾配

関数 $y = f(x)$ のグラフを考えてみる（図 2.1 (a)）．もちろん，一般には直線でなくて曲線である．この曲線上の 2 点 $(x_0, y_0), (x_1, y_1)$ を結ぶ直線の勾配は前節で説明したように

$$\frac{y_1 - y_0}{x_1 - x_0}$$

である．(x_0, y_0) と (x_1, y_1) は曲線上の点だから

$$y_0 = f(x_0), \qquad y_1 = f(x_1)$$

となっている．よって，上の勾配は

$$(2.1) \qquad \frac{f(x_1) - f(x_0)}{x_1 - x_0}$$

と書ける．x_1 が x_0 に非常に近ければ図 2.1 (b) のように，この勾配は曲線の (x_0, y_0) における傾き具合を表わしていると考えられるので，x_1 が x_0 に近付いたときの**極限**（すなわち，この曲線の $(x_0, f(x_0))$ における勾配）

$$(2.2) \qquad \lim_{x_1 \to x_0} \frac{f(x_1) - f(x_0)}{x_1 - x_0}$$

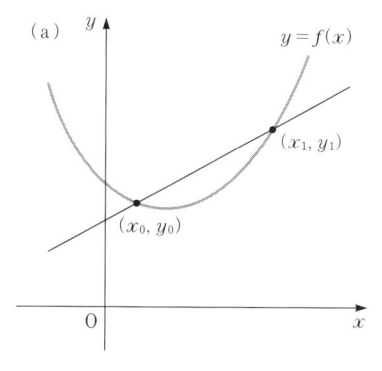

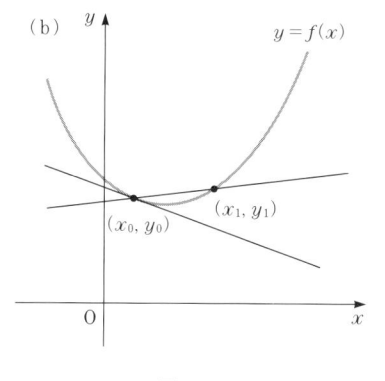

図 2.1

を $y = f(x)$ の x_0 における**微分**（derivative）とよび，$f'(x_0)$, $\dfrac{df(x_0)}{dx}$, $\dfrac{df}{dx}(x_0)$, $\dfrac{dy}{dx}\bigg|_{x=x_0}$ などの記号で表わす．x_0 の代りに x ; $x_1 - x_0$ の代りに h とか Δx と書いて，(2.2) の代りに

$$\lim_{h \to 0} \frac{f(x+h) - f(x)}{h} \quad \text{とか} \quad \lim_{\Delta x \to 0} \frac{f(x+\Delta x) - f(x)}{\Delta x}$$

と書いたりする．Δx は x を少しだけ変化させ $x + \Delta x$ とするという意味で，小さい量という感じを表わしている．これは Δ と x の積ではなく，Δx で 1 つの小さい量を表わしている．そのとき，$f(x + \Delta x) - f(x)$ を Δy で表わすこともある．そうすると上の極限は

$$\lim_{\Delta x \to 0} \frac{\Delta y}{\Delta x}$$

と書ける（図 2.2 参照）．この記号の極限として $\dfrac{dy}{dx}$ と書くのである．$\dfrac{\Delta y}{\Delta x}$ は Δy を Δx で割ったものであるが，$\dfrac{dy}{dx}$ は dy を dx で割ったものではない．dx, dy を別々に考えるのではなく，$\dfrac{dy}{dx}$ を 1 つのものとして考えるのである．しかし，この記号の強みは，$\dfrac{dy}{dx}$ を あたかも dy を dx で割ったように扱っても大体において良いという点にある．この点は次第に明らかになる．

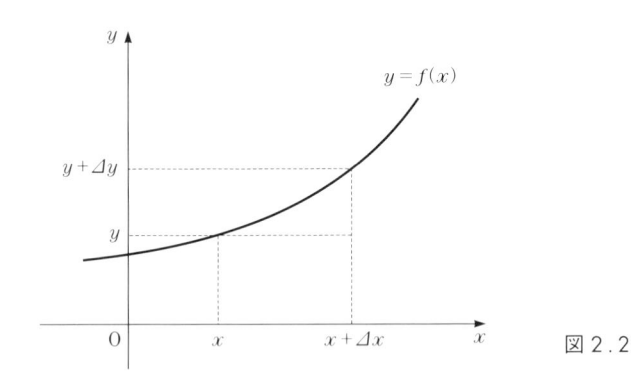

図 2.2

図 2.1(b) において，点 (x_1, y_1) が (x_0, y_0) に近付くと，この 2 点を結ぶ直線は曲線 $y = f(x)$ と（(x_0, y_0) の近くでは）1 点 (x_0, y_0) だけで交わるような 1 つの定まった直線に近付いていく．この極限の直線を曲線 $y =$

$f(x)$ の点 (x_0, y_0) における**接線**とよぶ（図 2.3）．接線の方程式は (1.3) により簡単に求められる．(x_0, y_0) を通る勾配 $f'(x_0)$ の直線だから

$$(2.3) \qquad \frac{y - f(x_0)}{x - x_0} = f'(x_0)$$

で与えられる．書き直して

$$(2.4) \qquad y = f(x_0) + f'(x_0)(x - x_0).$$

図 2.3 からわかるように接線は曲線 $y = f(x)$ を $(x_0, f(x_0))$ の近くで近似している．すなわち，(2.4) は x_0 における $y = f(x)$ の 1 次式による近似（1 次近似という）と考えられる．$x - x_0$ が小さければ $f(x)$ と $f(x_0) + f'(x_0)(x - x_0)$ はあまり違わないのである．

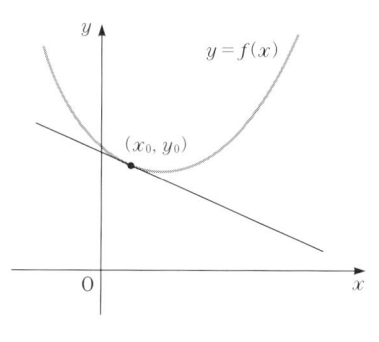

図 2.3

微分可能性

微分の定義 (2.2) にしても 接線にしても，(2.2) において考えている点で極限が存在する（その点で極限の値が 1 つに定まるという意味）として話をしてきた．(2.2) の極限が存在するとき，$f(x)$ は x_0 において**微分可能**であるという．我々が通常出会う簡単な関数は大てい微分可能である（実例は後でたくさんでてくる）．しかし，人工的に微分不可能な例をつくることは難しくない．微分の定義から考えて，関数 $f(x)$ が連続でなくては話が始まらない．例えば，次のページの図 2.4 のグラフのような

$$(2.5) \qquad f(x) = \begin{cases} 2 & (x > 0), \\ 1 & (x \leq 0) \end{cases}$$

の関数の場合には，$x_0 = 0$ とすると $f(0) = 1$．いま，$x_1 < 0$ として x_1 を $x_0 (= 0)$ に近付けると，$f(x_1) = 1$ だから

$$\frac{f(x_1)-f(x_0)}{x_1-x_0} = \frac{1-1}{x_1} = 0$$

で，その極限も 0 である．これは図からも明らかなように，$x<0$ の方から近付いたときのグラフの勾配が 0 であるということである．しかし，逆に $x_1 > 0$ として x_1 を $x_0\,(=0)$ に近付けると，$f(x_1)=2$ だから

$$\frac{f(x_1)-f(x_0)}{x_1-x_0} = \frac{2-1}{x_1} = \frac{1}{x_1}$$

で，その極限は ∞ になる．これは もちろん図からも明らかであろう．ともかく，x_1 が x_0 に近付くとき，$(x_1,f(x_1))$ が $(x_0,f(x_0))$ に近付かなくては話にならない．したがって以後，$f(x)$ は連続であると仮定する．

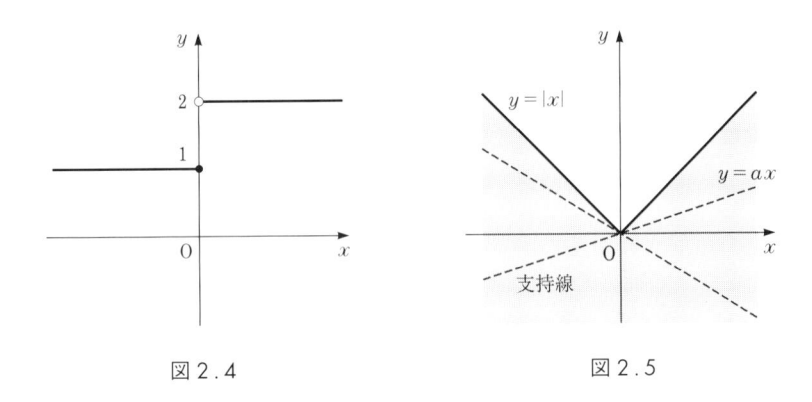

図 2.4

図 2.5

関数が連続でも微分不可能な例はある．図 2.5 のような関数

(2.6) $f(x)=|x|$

を考える．$x_0=0$ とする．$x_1>0$ として x_1 を $x_0\,(=0)$ に近付けると，

$$\frac{f(x_1)-f(x_0)}{x_1-x_0} = \frac{x_1-0}{x_1-0} = 1$$

で，その極限も 1 である．これは x_1 が正の方から 0 に近付いたとき，図 2.5 のグラフの勾配が 1 であるということにほかならない．一方，$x_1<0$ として x_1 を $x_0\,(=0)$ に近付けると，$f(x_1)=-x_1$ だから

$$\frac{f(x_1)-f(x_0)}{x_1-x_0} = \frac{-x_1-0}{x_1-0} = -1$$

で,その極限も -1 である.このように,x_1 がどの方向から x_0 に近付くかによって極限が異なる.したがって原点では極限が定まらず接線も存在しない.しかし,このグラフと原点を共有し,グラフの片側にあるような直線(支持線という)は無限にたくさんある.すなわち勾配 a が $-1 \leq a \leq 1$ となるような直線 $y = ax$ はすべて支持線である.

　上の例では,微分不可能といっても,x_1 が片側から x_0 に近付く限りにおいては極限 (2.2) が存在する.ただ,左から近付くときの極限と 右から近付くときの極限が一致しないのである.しかし,もっと悪い例もある.関数

(2.7) $\qquad f(x) = x \sin \dfrac{1}{x}$

を考えてみる.$x = 0$ は問題点だから後で考えることにして,$x \neq 0$ の点だけをまず考える.$\sin \dfrac{1}{x}$ は

$x = \dfrac{1}{k\pi}$ ($k = \pm 1, \pm 2, \cdots$) で $\qquad \sin k\pi = 0$;

$x = \dfrac{1}{\dfrac{\pi}{2} + 2k\pi}$ ($k = \pm 1, \pm 2, \cdots$) で $\quad \sin\left(\dfrac{\pi}{2} + 2k\pi\right) = 1$;

$x = \dfrac{1}{-\dfrac{\pi}{2} + 2k\pi}$ ($k = \pm 1, \pm 2, \cdots$) で $\quad \sin\left(-\dfrac{\pi}{2} + 2k\pi\right) = -1$

となるから,$y = \sin \dfrac{1}{x}$ のグラフは次のページの図 2.6 のようになる.x が 0 に近付くほど頻繁に -1 と 1 の間を振動する.だから,$y = \sin \dfrac{1}{x}$ のままでは $x = 0$ でどのように y を定義しても連続にはならない.そこで x を掛けた (2.7) のような関数を考えるのである.

$\left|\sin \dfrac{1}{x}\right| \leq 1 \qquad$ だから $\qquad \left|x \sin \dfrac{1}{x}\right| \leq |x|$

で (2.7) のグラフは 2 つの直線 $y = x$ と $y = -x$ の間を振動し, 図 2.7 のようになる. したがって, $x = 0$ では $f(0) = 0$ と定義すれば, (2.7) は $x = 0$ においても連続な関数になる.

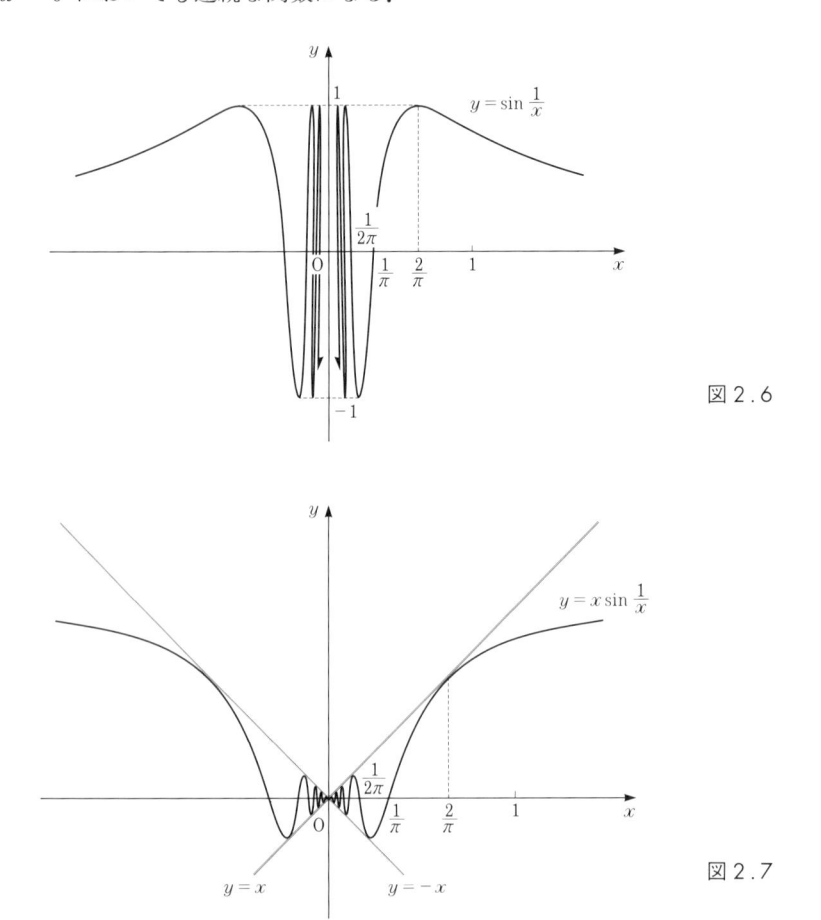

図 2.6

図 2.7

しかし $f(x) = x \sin \dfrac{1}{x}$ は $x = 0$ で微分不可能であることを証明する.

$$\frac{f(h) - f(0)}{h} = \frac{1}{h}\left(h \sin \frac{1}{h}\right) = \sin \frac{1}{h}$$

だから, $h \to 0$ のとき極限は存在しない. すなわち $f'(0)$ は存在しない.

また，関数 $f(x)$ がいたるところ微分可能であっても，その微分 $f'(x)$ が連続とは限らない．例えば，関数

$$(2.8) \qquad f(x) = \begin{cases} x^2 \sin \dfrac{1}{x} & (x \neq 0), \\ 0 & (x = 0) \end{cases}$$

を考えてみる．（$y = x\sin(1/x)$ のグラフは 2 直線 $y = \pm x$ の間を振動するが，$y = x^2 \sin(1/x)$ は 2 つの放物線 $y = \pm x^2$ の間を振動する．2 つの連続関数 x と $x\sin(1/x)$ の積 $y = x^2 \sin(1/x)$ も連続である．）

$$(2.9) \qquad f'(0) = \lim_{h \to 0} \frac{f(h) - f(0)}{h}$$

$$= \lim_{h \to 0} \frac{1}{h}\left(h^2 \sin \frac{1}{h}\right) = \lim_{h \to 0} h \sin \frac{1}{h} = 0.$$

（最後の $\lim_{h \to 0} h\sin(1/h) = 0$ のところで (2.7) の関数が連続であることを使った．）$x \neq 0$ での $f'(x)$ の計算は **4** 節の後でないとできないが，ここでは結果だけ書いておく：

$$(2.10) \qquad f'(x) = 2x \sin \frac{1}{x} - \cos \frac{1}{x} \qquad (x \neq 0).$$

既に見たように，$\lim_{x \to 0} x \sin \dfrac{1}{x} = 0$ であるが，$\lim_{x \to 0} \cos \dfrac{1}{x}$ は存在しない．したがって $\lim_{x \to 0} f'(0)$ も存在せず，$f'(x)$ は $x = 0$ において連続でないことがわかった．

(2.7) の関数 $f(x)$ が微分不可能な場所は $x = 0$ だけであるが（他の点での微分は後に計算する），いたるところ連続で ほとんどいたるところ微分不可能な関数もある[1]．

---

1) そのような例として $f(x) = \sum_{n=1}^{\infty} \dfrac{1}{n^2 \pi} \sin(n^2 \pi x)$ の微分可能な点は $\dfrac{k}{l}\pi$（k, l は互いに素な奇数）に限ることが知られている．J. Gerver：Amer. J. Math. 93 (1971), 33-41．

微分と速度

ここまでは微分を接線の勾配として幾何学的に説明してきたが，もう一つ重要なのは物理的意味である．いま，粒子のようなものが直線上，例えば y 軸上を動いているとする．x を時間を表わす変数；$y = f(x)$ を時刻 x のときの粒子の位置とする．時刻 x_0 と x_1 における位置の差 $f(x_1) - f(x_0)$ を，要した時間 $x_1 - x_0$ で割った

$$(2.11) \qquad \frac{f(x_1) - f(x_0)}{x_1 - x_0}$$

は その間の平均速度と考えられる．したがって，x_1 が x_0 に近付いたときの (2.11) の極限 $f'(x_0)$ は時刻 x_0 のときの瞬間速度である．

しかし，微分の物理的な意味は，例えば (x, y)-平面上を動く粒子の場合を考えた方がはっきりするであろう．時間を表わす変数を t と書いて，時刻 t のときの粒子の位置を $(x(t), y(t))$ と書く．時刻が $t = t_0$ から $t = t_1$ まで変った間に粒子は $(x(t_0), y(t_0))$ から $(x(t_1), y(t_1))$ まで動くから，位置の差 $(x(t_1) - x(t_0), y(t_1) - y(t_0))$ を要した時間 $t_1 - t_0$ で割った

$$\left(\frac{x(t_1) - x(t_0)}{t_1 - t_0}, \frac{y(t_1) - y(t_0)}{t_1 - t_0} \right)$$

は その間の平均速度で，$t_1 \to t_0$ の極限

$$(x'(t_0), y'(t_0)) = \lim_{t_1 \to t_0} \left(\frac{x(t_1) - x(t_0)}{t_1 - t_0}, \frac{y(t_1) - y(t_0)}{t_1 - t_0} \right)$$

は時刻 t_0 における瞬間速度（ベクトル）を表わす（図 2.8）．物理学の本などでは時間 t を変数としたときの微分を $(x'(t_0), y'(t_0))$ ではなくて $(\dot{x}(t_0), \dot{y}(t_0))$ と書くことが多い．

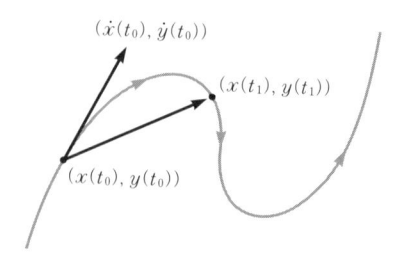

図 2.8

> 体系的な数学としての微積分は Newton(ニュートン) (1642-1727) と Leibniz(ライプニッツ) (1646-1716) に始まる．ニュートンは運動 $(x(t), y(t))$ に対し流率 $\dot{x}$, $\dot{y}$ を考え，y の x に関する微分を $\frac{\dot{y}}{\dot{x}}$ として得た．一方，ライプニッツは無限小の量としての微分 dx, dy を使った．時間的にはニュートンの方がライプニッツより数年早く微積分の理論に到達したが，発表は逆にライプニッツの方が数年早かったので，どちらが先かということで長年にわたり論争が続いた．そのために，ニュートンのいたイギリスの数学界はヨーロッパ大陸から孤立してしまい，またライプニッツ学派は Bernouilli(ベルヌーイ) 兄弟の Jakob(ヤコブ) (1654-1705) と Johann(ヨハン) (1667-1748) など優秀な人材に恵まれていたこと，そしてライプニッツが非常に気を付けて使い良い記号を選んだことと相俟って，ヨーロッパではライプニッツ学派が大きな影響力をもった．ニュートン，ライプニッツの時代の後の微積分の歴史に興味のある読者は適当な数学史の本を読まれたい[1]．

3. 微分の基本的性質

与えられた関数の微分を求めるのに 微分の定義に戻って計算するのでは能率が悪い．基本的な関数の微分を計算し，それらの和, 差, 積, 商を一定の法則に従って計算するのが能率的である．記号としては

$$f'(x) = \frac{df}{dx}(x) = \lim_{h \to 0} \frac{f(x+h) - f(x)}{h}$$

を用いることにする．また，$f(x), f'(x)$ を単に f, f' と書くこともある．

---

[1] 小堀 憲：「数学の歴史 V，18世紀の数学」と 吉田耕作：「同 IX，解析学」(共立出版) が邦著では特に詳しい．

四則と微分

a, b を定数，$f(x), g(x)$ を微分可能な関数とするとき，次が成り立つ：

(3.1) $\dfrac{d}{dx}(af + bg) = af' + bg',$

(3.2) $\dfrac{d}{dx}(fg) = f'g + fg',$

(3.3) $\dfrac{d}{dx}\left(\dfrac{f}{g}\right) = \dfrac{f'g - fg'}{g^2}.$

証明 (3.1) は

$$\dfrac{d}{dx}(af + bg) = \lim_{h \to 0} \dfrac{\{af(x+h) + bg(x+h)\} - \{af(x) + bg(x)\}}{h}$$

$$= \lim_{h \to 0}\left[\dfrac{a\{f(x+h) - f(x)\}}{h} + \dfrac{b\{g(x+h) - g(x)\}}{h}\right]$$

$$= af'(x) + bg'(x).$$

(3.2) は

$$\dfrac{d}{dx}(fg) = \lim_{h \to 0} \dfrac{f(x+h)g(x+h) - f(x)g(x)}{h}$$

$$= \lim_{h \to 0} \dfrac{f(x+h)g(x+h) - f(x)g(x+h) + f(x)g(x+h) - f(x)g(x)}{h}$$

$$= \lim_{h \to 0}\left[\dfrac{f(x+h) - f(x)}{h}g(x+h) + f(x)\dfrac{g(x+h) - g(x)}{h}\right]$$

$$= f'(x)g(x) + f(x)g'(x).$$

(3.3) を証明するには，まず

(3.4) $\dfrac{d}{dx}\left(\dfrac{1}{g}\right) = -\dfrac{g'}{g^2}$

を証明する．

$$\dfrac{d}{dx}\left(\dfrac{1}{g}\right) = \lim_{h \to 0} \dfrac{1}{h}\left(\dfrac{1}{g(x+h)} - \dfrac{1}{g(x)}\right) = \lim_{h \to 0} \dfrac{1}{h}\left(\dfrac{g(x) - g(x+h)}{g(x+h)g(x)}\right)$$

$$= \lim_{h \to 0} \dfrac{1}{g(x+h)g(x)} \cdot \dfrac{-\{g(x+h) - g(x)\}}{h} = \dfrac{1}{g^2(x)}(-g'(x)).$$

(3.3) の証明は $\dfrac{f}{g}$ を f と $\dfrac{1}{g}$ の積と考え，(3.2) と (3.4) を使えばよい． ◇

定値関数 a に対しては明らかに

(3.5) $$\frac{d}{dx}(a) = 0$$

である．次に，

(3.6) $$\frac{d}{dx}(x^n) = nx^{n-1} \qquad (n = 0, \pm 1, \pm 2, \cdots)$$

を証明する．ここでは n が整数の場合だけ証明するが，(3.6) は $x > 0$ において任意の実数 n に対しても成り立つ．その証明は **5** 節でする．

証明 まず，$n = 0$ の場合は $x^0 = 1$ だから (3.5) に帰する．$n = 1$ の場合は微分の定義から明らかである．すなわち，

$$\frac{d}{dx}x = \lim_{h \to 0} \frac{x+h-x}{h} = 1.$$

$n = 2$ の場合は $x^2 = x \cdot x$ として，(3.2) と $n = 1$ の場合から得られる．$n = 3$ の場合は $x^3 = x^2 \cdot x$ として，(3.2) と $n = 1, 2$ の場合から得られる．以下同様．

きちんと証明するには帰納法を使って (3.6) が x^{n-1} の場合に証明されたとして (3.2) を使い，

$$\frac{d}{dx}(x^n) = \frac{d}{dx}(x^{n-1} \cdot x) = \frac{d}{dx}(x^{n-1}) \cdot x + x^{n-1} \frac{d}{dx}(x)$$
$$= (n-1)x^{n-2} \cdot x + x^{n-1} = nx^{n-1}$$

とすればよいが，二項定理

$$(x+h)^n = x^n + nx^{n-1}h + \binom{n}{2} x^{n-2} h^2 + \binom{n}{3} x^{n-3} h^3 + \cdots + h^n$$

を使って

$$\frac{(x+h)^n - x^n}{h} = nx^{n-1} + \binom{n}{2} x^{n-2} h + \binom{n}{3} x^{n-3} h^2 + \cdots + h^{n-1}$$

とし，h を 0 に近付けてもよい．

次に，x の負のべき $\dfrac{1}{x^n}$ の場合には，$g(x) = x^n$ として (3.4) を使えば

$$\frac{d}{dx}(x^{-n}) = \frac{-nx^{n-1}}{x^{2n}} = -nx^{-n-1}.$$

これで (3.6) が整数べきの場合に証明された． ◇

(3.1) と (3.6) を組合せて，多項式の微分の公式

(3.7) $$\frac{d}{dx}(a_0 x^n + a_1 x^{n-1} + \cdots + a_{n-1} x + a_n)$$
$$= n a_0 x^{n-1} + (n-1) a_1 x^{n-2} + \cdots + a_{n-1}$$

を得る．

また，$f(x)$ と $g(x)$ が多項式のとき，有理関数 $\dfrac{f(x)}{g(x)}$ の微分は 商の微分公式 (3.3) と多項式の微分公式 (3.7) から計算される．

合成関数の微分

次に，2つの関数 $y = f(x)$ と $z = g(y)$ を合成した関数 $h = g \circ f$ の微分を求める．**合成**した関数とは，$f(x)$ を $g(y)$ の y に代入して得られる関数

(3.8) $$z = h(x) = g(f(x))$$

のことであり，これは $(f \cdot g)(x) = f(x) g(x)$ で定義される積 $f \cdot g$ とは全く異なるものであることは既に注意した通りである（第2章 **1** 節）．

このように，z を x の関数と考えるとき，$y = f(x)$ と $z = g(y)$ が微分可能であれば合成関数 $z = g(f(x))$ も微分可能で次の**連鎖律**（chain rule）

(3.9) $$\frac{dz}{dx} = \frac{dz}{dy} \frac{dy}{dx} \quad (\text{または，} h'(x) = g'(f(x)) \cdot f'(x))$$

が成り立つことを証明する．f と g を合成した関数 $g \circ f$ に記号 h を使ったのでここでは微分の計算に $\Delta x, \Delta y$ などを使うことにする．初めに大体において正しいが，少々不完全な証明を与える．

証明 Δx を小さい量とし，x が $x + \Delta x$ に変ったとき，$y = f(x)$ が $y + \Delta y$ になったとする．すなわち $y + \Delta y = f(x + \Delta x)$. したがって
$$\Delta y = f(x + \Delta x) - f(x).$$
同様に，y が $y + \Delta y$ に変ったとき，$z = g(y)$ が $z + \Delta z$ になったとする．すなわち，$z + \Delta z = g(y + \Delta y)$. したがって，

3. 微分の基本的性質

$$\varDelta z = g(y + \varDelta y) - g(y).$$

そうすると，x が $x + \varDelta x$ に変るとき，$z = h(x)$ は $z + \varDelta z$ になるから

$$\frac{\varDelta z}{\varDelta x} = \frac{\varDelta z}{\varDelta y}\frac{\varDelta y}{\varDelta x},$$

または少々書き直して

$$\frac{\varDelta z}{\varDelta x} = \frac{g(y + \varDelta y) - g(y)}{\varDelta x} = \frac{g(y + \varDelta y) - g(y)}{\varDelta y} \cdot \frac{\varDelta y}{\varDelta x}$$

$$= \frac{g(y + \varDelta y) - g(y)}{\varDelta y} \cdot \frac{f(x + \varDelta x) - f(x)}{\varDelta x}$$

を得る．ここで $\varDelta x$ を 0 に近付ければ $\varDelta y$ も 0 に近付き，上の式の極限として (3.9) を得る． ◇

このように，記号 $\dfrac{dz}{dx}$ の優れている点は，(3.9) の最初の式のように分数式のように書け，公式も覚えやすいというところにある．

さて上の証明のどこに欠陥があるのだろうか．$\dfrac{dy}{dx} = f'(x)$ の定義において x を $x + \varDelta x$ に変化させるとき，$\varDelta x \neq 0$ でなければならない．$\varDelta x = 0$ では $\dfrac{\varDelta y}{\varDelta x}$ が意味をなさない．さらに，$\varDelta x \neq 0$ でも もちろん y が変化するとは限らない．すなわち $\varDelta y = 0$ かもしれない．そうすると，$\dfrac{dz}{dy} = g'(y)$ の定義における $\dfrac{\varDelta z}{\varDelta y}$ が定義されなくなる．そこで，$\varDelta y$ で割らなくてすむような証明を見つければよい．$g'(y)$ の定義

$$(3.10) \qquad g'(y) = \lim_{\varepsilon \to 0}\frac{g(y+\varepsilon)-g(y)}{\varepsilon}$$

を見て

$$(3.11) \qquad \phi(\varepsilon) = \frac{g(y+\varepsilon)-g(y)}{\varepsilon} - g'(y)$$

と定義すると，(3.10) により $\phi(\varepsilon)$ は $\lim\limits_{\varepsilon \to 0}\phi(\varepsilon) = 0$ を満たしている．(3.11) を書き直して

(3.12) $\quad g(y+\varepsilon)-g(y)=\{g'(y)+\phi(\varepsilon)\}\varepsilon$

とする．この形にすると ε で割っていないから，$\varepsilon=\Delta y$ とおいて

(3.13) $\quad \Delta z = g(y+\Delta y)-g(y)$
$$= \{g'(y)+\phi(\Delta y)\}\Delta y$$

が合法的である．（この形なら Δy が 0 になってもかまわないのである．） Δx は小さいが <u>0 ではない</u>ようにとっているから，(3.13) を Δx で割って

(3.14) $\quad \dfrac{\Delta z}{\Delta x}=\{g'(y)+\phi(\Delta y)\}\dfrac{\Delta y}{\Delta x}$

を得る．ここで Δx を 0 に近付けると，$\dfrac{\Delta z}{\Delta x}$ は $\dfrac{dz}{dx}$，$\dfrac{\Delta y}{\Delta x}$ は $\dfrac{dy}{dx}$ に近付く．そのとき Δy も 0 に近付くから，上で見たように $\lim_{\Delta y\to 0}\phi(\Delta y)=0$．したがって，(3.14) で $\Delta x \to 0$ としたときの極限として

$$\dfrac{dz}{dx}=g'(y)\dfrac{dy}{dx}=\dfrac{dz}{dy}\dfrac{dy}{dx}$$

を得る．

逆関数の微分

公式 (3.9) を $g(y)$ が $f(x)$ の逆関数である場合に使ってみる．
$$y=f(x),\qquad x=g(y)$$
であるから，(3.9) において $z=x$ である．したがって $\dfrac{dz}{dx}=1$ となるから

$$1=\dfrac{dx}{dy}\dfrac{dy}{dx},$$

すなわち

(3.15) $\quad \dfrac{dx}{dy}=\dfrac{1}{\dfrac{dy}{dx}}\qquad$（または，$g'(f(x))=\dfrac{1}{f'(x)}$）

を得る．

公式 (3.15) は正しいが証明は不完全であるし, 仮定 $f'(x) \neq 0$ も必要である. $y = f(x)$ と $z = g(y)$ が微分可能のとき, 合成された関数 $z = g(f(x))$ も微分可能となり (3.9) が成り立つのであるから, (3.9) を使って (3.15) を証明するためには, 微分可能な関数 $y = f(x)$ の逆関数 $x = g(y)$ が微分可能であることをまず証明する必要がある. 次の**逆関数定理**(inverse function theorem) をきちんと証明しておく.

定理 1 $y = f(x)$ ($a < x < b$) は単調増加〔または単調減少〕な連続関数とする. そのとき逆関数 $x = g(y)$ も連続である. そして f が点 x_0 で微分できて $f'(x_0) \neq 0$ ならば, g も点 $y_0 = f(x_0)$ で微分できて $g'(y_0) = \dfrac{1}{f'(x_0)}$ である.

後の **8** 節で示すように $f'(x) > 0$ 〔または $f'(x) < 0$ 〕を仮定すれば, f は自動的に単調増加〔または単調減少〕である.

証明 f は単調増加として証明する (単調減少の場合も証明は同様).

連続性: 任意の $\varepsilon > 0$ に対し十分小さい $\delta > 0$ をとれば, 区間 $|y - y_0| < \delta$ において $|g(y) - g(y_0)| < \varepsilon$ となることを証明すればよい. f が単調増加だから
$$f(x_0 - \varepsilon) < f(x_0) < f(x_0 + \varepsilon).$$
そこで δ を $f(x_0) - f(x_0 - \varepsilon)$ と $f(x_0 + \varepsilon) - f(x_0)$ よりも小さくとれば, 区間 $|y - y_0| < \delta$ は区間 $f(x_0 - \varepsilon) < y < f(x_0 + \varepsilon)$ に含まれ
$$x_0 - \varepsilon < g(y) < x_0 + \varepsilon$$
となる. これで任意の点 y_0 で g が連続であることが示された.

微分可能性: $\varDelta y \neq 0$ に対し $\varDelta x = g(y_0 + \varDelta y) - g(y_0)$ とおけば
$$g(y_0 + \varDelta y) = g(y_0) + \varDelta x = x_0 + \varDelta x$$
だから
$$f(x_0 + \varDelta x) = f(g(y_0 + \varDelta y)) = y_0 + \varDelta y = f(x_0) + \varDelta y.$$
g が連続だから, $\varDelta y \to 0$ のとき $\varDelta x \to 0$. また, 上の式から $\displaystyle\lim_{\varDelta x \to 0} \dfrac{\varDelta y}{\varDelta x} = f'(x_0)$.

したがって
$$\lim_{\Delta y \to 0} \frac{\Delta x}{\Delta y} = \lim_{\Delta x \to 0} \frac{1}{\frac{\Delta y}{\Delta x}} = \frac{1}{f'(x_0)}.$$

これで g が y_0 で微分可能で $g'(y_0)$ が $\frac{1}{f'(x_0)}$ になることが同時にわかった．◇

$y = f(x) = x^3$ は単調増加だが $f'(0) = 0$ であり，逆関数 $x = g(y) = y^{\frac{1}{3}}$ が $y = 0$ で微分できないことは，$y \to 0$ のとき
$$\frac{g(y) - g(0)}{y} = \frac{y^{\frac{1}{3}}}{y} = y^{-\frac{2}{3}} \to \infty$$
となることから明らかである．0 以外では $f(x)$ は微分可能で $f'(x) = 3x^2$ だから，上の定理 1 により
$$g'(y) = \frac{1}{3x^2} = \frac{1}{3y^{\frac{2}{3}}} = \frac{1}{3} y^{-\frac{2}{3}}.$$

4. 三角関数の微分

まず，準備として

(4.1) $\quad \lim_{\theta \to 0} \frac{\sin \theta}{\theta} = 1$,

(4.2) $\quad \lim_{\theta \to 0} \frac{1 - \cos \theta}{\theta} = 0$

を証明しておく．

証明 (4.1) の証明：次のページの図 4.1 のように半径 1 の円から角 θ だけ円弧を切り取る．
$$\tan \theta = \frac{\mathrm{AB}}{\mathrm{OA}} = \mathrm{AB}, \qquad \sin \theta = \frac{\mathrm{CD}}{\mathrm{OC}} = \mathrm{CD}$$
だから，三角形 △OAB と △OAC の面積はそれぞれ

4. 三角関数の微分

$$\triangle \text{OAB} = \frac{1}{2}\tan\theta, \qquad \triangle \text{OAC} = \frac{1}{2}\sin\theta$$

で与えられる．一方，扇形 OAC の面積は弧 $\widehat{\text{AC}}$ の長さ θ と半径 1 の積の半分だから

$$\text{扇形 OAC} = \frac{1}{2}\theta$$

で与えられる[1)]．これら 3 つの図形の面積（の 2 倍を）較べて不等式

$$\sin\theta < \theta < \tan\theta$$

を得る．これを θ で割り，$\tan\theta = \dfrac{\sin\theta}{\cos\theta}$ と書き直すと

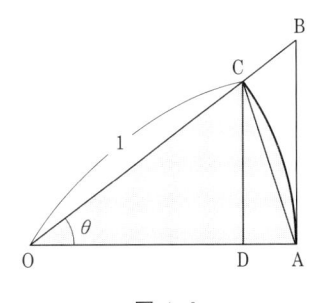

図 4.1

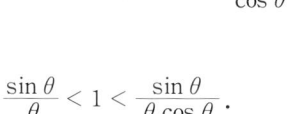

$$\frac{\sin\theta}{\theta} < 1 < \frac{\sin\theta}{\theta\cos\theta}.$$

$\lim\limits_{\theta\to 0}\cos\theta = 1$ だから，上の式で $\theta \to 0$ とすると

$$\lim_{\theta\to 0}\frac{\sin\theta}{\theta} \leq 1 \leq \lim_{\theta\to 0}\frac{\sin\theta}{\theta}$$

となり，(4.1) が証明された．

(4.2) の証明： $\cos\theta$ の倍角公式 $\cos\theta = \cos^2\dfrac{\theta}{2} - \sin^2\dfrac{\theta}{2}$ により

$$1 - \cos\theta = 1 - \cos^2\frac{\theta}{2} + \sin^2\frac{\theta}{2}$$
$$= \sin^2\frac{\theta}{2} + \sin^2\frac{\theta}{2} = 2\sin^2\frac{\theta}{2}.$$

したがって，

$$\lim_{\theta\to 0}\frac{1-\cos\theta}{\theta} = \lim_{\theta\to 0}\frac{\sin\dfrac{\theta}{2}}{\dfrac{\theta}{2}} \cdot \lim_{\theta\to 0}\sin\frac{\theta}{2} = 1\cdot 0 = 0.$$

ここで (4.1) を用いた． ◇

---

1) この等式の証明については，この節の最後の囲み記事を参照．

sin, cos, tan の微分

(4.1), (4.2) により三角関数の微分を計算する準備が整った．加法公式 (第 2 章 (2.3)) により

$$\sin(x+\theta) - \sin x = \sin x \cos\theta + \sin\theta \cos x - \sin x$$
$$= (\cos\theta - 1)\sin x + \sin\theta \cos x$$

だから，(4.1) と (4.2) を使って

$$\frac{d}{dx}\sin x = \lim_{\theta \to 0}\frac{\sin(x+\theta) - \sin x}{\theta} = \cos x .$$

同様に加法公式 (第 2 章 (2.4)) により

$$\cos(x+\theta) - \cos x = \cos\theta \cos x - \sin\theta \sin x - \cos x$$
$$= (\cos\theta - 1)\cos x - \sin\theta \sin x$$

だから，(4.1) と (4.2) を使って

$$\frac{d}{dx}\cos x = \lim_{\theta \to 0}\frac{\cos(x+\theta) - \cos x}{\theta} = -\sin x$$

を得る．

$\tan x$ の微分も同様に加法公式を使ってもできるが，ここでは商の公式 (3.3) を $\tan x = \dfrac{\sin x}{\cos x}$ に適用し，上に計算した $\sin x$ と $\cos x$ の微分を使う：

$$\frac{d}{dx}\tan x = \frac{d}{dx}\frac{\sin x}{\cos x} = \frac{\cos^2 x + \sin^2 x}{\cos^2 x} = \frac{1}{\cos^2 x} .$$

以上の 3 公式をまとめて書いておく：

(4.3) $\quad \dfrac{d}{dx}\sin x = \cos x ,$

(4.4) $\quad \dfrac{d}{dx}\cos x = -\sin x ,$

(4.5) $\quad \dfrac{d}{dx}\tan x = \dfrac{1}{\cos^2 x} \ (= \sec^2 x).$

$\sin^{-1}$, $\cos^{-1}$, $\tan^{-1}$ の微分

次に,$y = \sin^{-1} x$ $(= \text{Arcsin}\, x)$ など逆三角関数の微分を求める.ここで $\sin^{-1} x$ は $\dfrac{1}{\sin x}$ のことではないことをもう一度注意しておく.

$$y = \sin^{-1} x \qquad (-1 \leq x \leq 1)$$

は関係式 $x = \sin y$ の y を x について解いたものである.(4.3) から

$$\frac{dx}{dy} = \frac{d}{dy}(\sin y) = \cos y.$$

逆関数の微分公式 (3.15) により

$$\frac{dy}{dx} = \frac{1}{\cos y}$$

となる.これを x の関数として表わすため,$\sin^2 y + \cos^2 y = 1$ を使えば

$$(4.6) \qquad \cos y = \pm\sqrt{1 - \sin^2 y} = \pm\sqrt{1 - x^2}$$

となる.(4.6) の平方根の前にある $\pm$ のどちらをとるべきかは $y = \sin^{-1} x$ のグラフを見ればわかる.$y = \sin^{-1} x$ は $-\dfrac{\pi}{2} \leq y \leq \dfrac{\pi}{2}$ となるように選んであり(第 2 章 **3** 節参照),そこでは $\cos y \geq 0$ だから,$\cos y$ として $\sqrt{1 - x^2}$ をとるべきである.したがって,

$$\frac{dy}{dx} = \frac{1}{\sqrt{1 - x^2}}.$$

全く同様に $y = \cos^{-1} x$ $(-1 \leq x \leq 1)$ の微分は,$x = \cos y$ の微分が $\dfrac{dx}{dy} = -\sin y$(公式 (4.4))だから

$$\frac{dy}{dx} = -\frac{1}{\sin y}.$$

そして $\sin y = \pm\sqrt{1 - \cos^2 y} = \pm\sqrt{1 - x^2}$ だが,$y = \cos^{-1} x$ は $0 \leq y \leq \pi$ となるように選んであり(第 2 章 **3** 節参照),そこでは $\sin y \geq 0$ だから + の符号をとるべきである.したがって,

$$\frac{dy}{dx} = -\frac{1}{\sqrt{1 - x^2}}.$$

最後に $y = \tan^{-1} x$ ($-\infty < x < \infty$) の微分は，$x = \tan y$ の微分が $\dfrac{dx}{dy} = \dfrac{1}{\cos^2 y}$ (公式 (4.5)) だから

$$\frac{dy}{dx} = \cos^2 y.$$

右辺を x の関数として書くために，$1 = \sin^2 y + \cos^2 y$ を $\cos^2 y$ で割って

$$\frac{1}{\cos^2 y} = \tan^2 y + 1 = x^2 + 1.$$

したがって

$$\frac{dy}{dx} = \frac{1}{1+x^2}.$$

3つの公式をまとめて書いておく：

$$(4.7) \qquad \frac{d}{dx}(\sin^{-1} x) = \frac{1}{\sqrt{1-x^2}},$$

$$(4.8) \qquad \frac{d}{dx}(\cos^{-1} x) = \frac{-1}{\sqrt{1-x^2}},$$

$$(4.9) \qquad \frac{d}{dx}(\tan^{-1} x) = \frac{1}{1+x^2}.$$

次のような もう少し一般な公式は積分の計算(第4章)をするときなどに便利である．正の定数 a に対し

$$(4.7)' \qquad \frac{d}{dx}\left(\sin^{-1} \frac{x}{a}\right) = \frac{1}{\sqrt{a^2-x^2}},$$

$$(4.8)' \qquad \frac{d}{dx}\left(\cos^{-1} \frac{x}{a}\right) = \frac{-1}{\sqrt{a^2-x^2}},$$

$$(4.9)' \qquad \frac{d}{dx}\left(\tan^{-1} \frac{x}{a}\right) = \frac{a}{a^2+x^2}.$$

例えば，$(4.7)'$ を証明するには $y = \sin^{-1} u$，$u = x/a$ とおいて，連鎖律 (3.9)：$\dfrac{dy}{dx} = \dfrac{dy}{du} \bigg/ \dfrac{du}{dx}$ を使えばよい．他の2つも同様．

csc, sec, cot とその逆関数の微分

次の公式も，商の微分の公式 (3.4) と (4.3), (4.4) を使えば直ちに得られる：

(4.10) $\quad \dfrac{d}{dx}\csc x = \dfrac{-\cos x}{\sin^2 x} = -\csc x \cot x$,

(4.11) $\quad \dfrac{d}{dx}\sec x = \dfrac{\sin x}{\cos^2 x} = \sec x \tan x$,

(4.12) $\quad \dfrac{d}{dx}\cot x = \dfrac{-1}{\sin^2 x} = -\csc^2 x$.

次の逆関数の微分の公式は上の公式からも導けるが，第2章の (3.1) と (4.7), (4.8), (4.9) および連鎖律 (3.9) から簡単に証明できる：

(4.13) $\quad \dfrac{d}{dx}\csc^{-1} x = \dfrac{-1}{|x|\sqrt{x^2-1}}$,

(4.14) $\quad \dfrac{d}{dx}\sec^{-1} x = \dfrac{1}{|x|\sqrt{x^2-1}}$,

(4.15) $\quad \dfrac{d}{dx}\cot^{-1} x = -\dfrac{1}{1+x^2}$.

念のため (4.13) を証明しておく：

$$\dfrac{d}{dx}\csc^{-1} x = \dfrac{d}{dx}\left(\sin^{-1}\dfrac{1}{x}\right) = \dfrac{1}{\sqrt{1-\left(\dfrac{1}{x}\right)^2}}\dfrac{d}{dx}\left(\dfrac{1}{x}\right)$$

$$= \dfrac{1}{\sqrt{1-\left(\dfrac{1}{x}\right)^2}} \times \dfrac{-1}{x^2} = \dfrac{-1}{|x|\sqrt{x^2-1}} .$$

最後に分母が $\pm x\sqrt{x^2-1}$ となるのを $|x|\sqrt{x^2-1}$ としたのは $\csc^{-1} x$ は $|\csc^{-1} x| < \pi/2$ となるように値を選んだためである．($y = \csc x$ のグラフ（第2章の図2.7）を直線 $y = x$ で折り返せば，逆関数 $y = \csc^{-1} x$ は単調減少で微分は負のはず．）

$\sin\theta$ の微分を求めるとき,$\theta=0$ での $\lim_{\theta\to 0}\dfrac{\sin\theta}{\theta}$ が 1 になることをまず証明したが,その際,図 4.1 で扇形 OAC の面積が $\dfrac{1}{2}\theta$ であることを使った.この標準的証明に次のような疑問をもつ人もいる.図 4.1 の記号で「扇形 OAC の面積 $=\dfrac{1}{2}\theta$」の証明についてである.扇形 OAC の面積と θ は比例するから,$\theta=2\pi$ のとき面積が π になることと同じである.半径 1 の円の面積が π であることは子供のときから知っているが,2π を単位円の周の長さとして定義したとき,面積が π になることは証明を必要とするのである.円の面積を求めるのに微積分を使うのでは $\sin\theta$ の微分を使うことになり,論理的にぐるぐる回りになってしまう.したがって,半径 1 の円の面積が π であることを微積分を使わずに証明しなければならない.

そこでアルキメデスが π の近似値を計算した有名な論文「円の計測[1]」を読むと,最初に命題 1 として

「円の面積は円周を 1 辺,半径をもう 1 つの辺とする直角三角形の面積に等しい.」

と書いてある.しかし証明の最後のところで円の周は外接する正多角形の周より短いことを証明なしで使っている.しかし,これは図 4.2 で 円弧

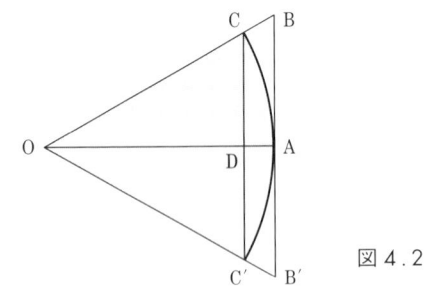

図 4.2

---

[1] アルキメデス全集の Heath による英訳 " The Works of Archimdes ".

$\widehat{CAC'} < \overline{BB'}$ となるということで,我々の証明しようとした $\theta < \tan\theta$ にほかならず,これでは再び論理的にぐるぐる回りになってしまい駄目である.

それに反して $\sin\theta < \theta$,すなわち $\overline{CD} <$ 円弧 $\widehat{AC}$ は明らかである.一般に曲線の長さの下界を見つけるのは易しい.曲線上にいくつか点をとり,それらを順に結ぶ折れ線は曲線より短い(か等しい).しかし上界を見つけるのは難しい.良く考えると,曲線の長さを定義せずに議論をしているところにも問題があるようである.通常の定義は,曲線 $(x(t), y(t))$ $(a \le t \le b)$ の長さは,区間 $a \le t \le b$ を細分 $a = t_0 < t_1 < t_2 < \cdots < t_n = b$ して,点 $(x(t_i), y(t_i))$ を順に線分で結びその折れ線の長さを考え,すべての細分に関する上限が存在すれば,それを曲線の長さとする.しかし円の周の場合でさえ,このように定義した折れ線の長さが上に有界であることを証明するのは易しくなさそうである.有界であることがわかり,したがって上限が存在し,長さが定義されたとすれば,$\theta \to 0$ のとき $\overline{CC'}$ と円弧 $\widehat{CAC'}$ の比が1に近付く,すなわち $\dfrac{\sin\theta}{\theta} \to 1$ となることを直接に証明するのはそれほど難しくない.

曲線の長さよりも 曲線で囲まれた図形の面積の方が概念的に易しい.それは図形に含まれる多角形と図形を含む多角形を考えることにより,図形の面積の下界と上界が直ちに得られるからである.Hardy(ハーディ)が A Course of Pure Mathematics の pp. 316 - 317 で述べているように,角 θ の大きさの定義を,半径で中心角 θ の扇形の円弧の部分の長さでなく,扇形の面積の2倍とする,すなわち 円弧 $\widehat{AC}$ の長さでなく,扇形 OAC の面積の2倍とすれば これらの問題は解消するのである.そして π を単位円の面積として定義すればよい[1].

---

1) 円周率 π については例えば小著「円の数学」(裳華房)を参照されたい.

5. 指数関数と対数関数の微分

a^x の微分と自然対数

a を正の実数とする．指数関数 $y = a^x$ の微分を計算してみる．指数公式（第2章 (4.10)）により

$$\frac{dy}{dx} = \lim_{h \to 0} \frac{a^{x+h} - a^x}{h} = \lim_{h \to 0} \frac{a^x a^h - a^x}{h}$$
$$= \lim_{h \to 0} \frac{a^h - 1}{h} \cdot a^x$$

となるから，定数

$$\lim_{h \to 0} \frac{a^h - 1}{h}$$

を計算すればよい．$a^0 = 1$ だから，これは

$$\lim_{h \to 0} \frac{a^h - a^0}{h}$$

と同じで，$y = a^x$ の $x = 0$ における微分にほかならない．この定数を，例えば $a = 2$ とか 3 の場合に直接計算しようと思っても容易でない．

$y = a^x$ のグラフを見ると（第2章の図 4.1），a が大きくなるに従って，グラフの傾きは急になる．したがって，$y = a^x$ の $(0, 1)$ での接線の勾配，すなわち $x = 0$ での $y = a^x$ の微分も a が大きくなるに従って大きくなる．そこで，この勾配が1となるような a，すなわち

$$\left(\frac{d}{dx} a^x\right)_{x=0} = 1$$

となるような a のことを e と書く．この e の定義によれば

(5.1) $$\left(\frac{d}{dx} e^x\right)_{x=0} = \lim_{h \to 0} \frac{e^h - 1}{h} = 1$$

である．そして上の $y = a^x$ の微分の計算から明らかなように

(5.2) $$\frac{d}{dx} e^x = e^x$$

となる．これが底 e の指数関数が特に重要な理由である．この定数 e は π

5. 指数関数と対数関数の微分

と並んで重要な定数である．e も π のように $2.78\cdots$ と限りなく続く超越数であることが知られている（e を求める話は **6** 節でする）．ここでは (5.1) が成り立つような定数であることだけ知っていれば十分である．

対数関数も底が e の場合が最も重要で**自然対数**（natural logarithm）とよばれる．この場合には底 e を省略して書き表わす．すなわち，

$$\log x = \log_e x$$

である．自然（natural）の頭文字 n を使って $\ln x$ と書くこともある．$y = \log_a x$ が $x = a^y$ と同値であるが，その特別の場合として，$y = \log x$ と $x = e^y$ は同じことである．すなわち，$y = \log x$ を e^y に代入；また $x = e^y$ を $\log x$ に代入して

(5.3) $\qquad e^{\log x} = x, \qquad \log e^y = y.$

特に $a = e^{\log a}$ だから $a^x = (e^{\log a})^x = e^{x \log a}$ （ここで $\log a \cdot x$ と書くのは紛らわしいから $x \log a$ と書く方が良い）．

次に a^x の微分を求める．$y = a^x$ を

(5.4) $\qquad y = a^x = e^{x \log a}$

と書き直してから微分する．$u = x \log a$ とおき，連鎖律 $\dfrac{dy}{dx} = \dfrac{dy}{du} \dfrac{du}{dx}$ （公式 (3.9)）を使えば $\dfrac{dy}{du} = \dfrac{d}{du}(e^u) = e^u = a^x$, $\dfrac{du}{dx} = \log a$ であるから，

(5.5) $\qquad \dfrac{d}{dx} a^x = a^x \log a$

となる．特にこの節の初めに考えた $\displaystyle\lim_{h \to 0} \dfrac{a^h - 1}{h} \left(= \left(\dfrac{d}{dx} a^x \right)_{x=0} \right)$ は

(5.6) $\qquad \displaystyle\lim_{h \to 0} \dfrac{a^h - 1}{h} = \log a$

と書けることがわかった．

$\log_a x$ の微分

(5.4) に対応して，$\log_a$ と $\log\,(=\log_e)$ は関係

(5.7) $$\log x = \log a \cdot \log_a x$$

で結ばれている．これを証明しよう．$y = \log_a x$ とおけば $x = a^y$ であり，(5.4) により（ただし，x と y は入れ換える）$x = a^y = e^{y\log a}$ となる．$x = e^{y\log a}$ は $y\log a = \log x$ と同じことで，これは (5.7) にほかならない．もちろん，これは第2章 (5.5) の特別な場合である．

$y = \log_a x$ の微分は，$x = a^y$ の微分が (5.5) により $\dfrac{dx}{dy} = a^y \log a$ だから，逆関数の微分公式 (3.15) により

$$\frac{dy}{dx} = \frac{1}{a^y \log a} = \frac{1}{x \log a}.$$

これを

(5.8) $$\frac{d}{dx}(\log_a x) = \frac{1}{x \log a}$$

と書いておく．（$x=1$ で上の微分（勾配）が1になるのは $\log a = 1$ のとき，すなわち $a = e$ のときだから，この節で与えた e の定義と第2章 **5** 節の e の定義が一致する．）(5.8) で $a = e$ として

(5.9) $$\frac{d}{dx}(\log x) = \frac{1}{x}$$

を得る．（もちろん，(3.15) と (5.2) からも直接に得られる．）

双曲線関数の微分

双曲線関数は指数関数で表わされるから，それらの微分も容易に計算できる．連鎖律 (3.9) により $\dfrac{d}{dx}(e^{-x}) = e^{-x}\dfrac{d(-x)}{dx} = -e^{-x}$ だから，

(5.10) $$\frac{d}{dx}\sinh x = \cosh x, \qquad \frac{d}{dx}\cosh x = \sinh x.$$

また，商の微分の公式と (5.10) から

$$\text{(5.11)} \quad \frac{d}{dx}\tanh x = \frac{d}{dx}\left(\frac{\sinh x}{\cosh x}\right) = \frac{\cosh^2 x - \sinh^2 x}{\cosh^2 x}$$
$$= \frac{1}{\cosh^2 x}$$

となる．

次に，双曲線関数の逆関数の微分は次のようになる：

$$\text{(5.12)} \quad \frac{d(\sinh^{-1} x)}{dx} = \frac{1}{\sqrt{1+x^2}},$$

$$\text{(5.13)} \quad \frac{d(\cosh^{-1} x)}{dx} = \frac{1}{\sqrt{x^2-1}},$$

$$\text{(5.14)} \quad \frac{d(\tanh^{-1} x)}{dx} = \frac{1}{1-x^2}.$$

例えば，(5.12) の証明は，$x = \sinh y$ と書いて $\dfrac{dx}{dy} = \cosh y$，よって

$$\frac{dy}{dx} = \frac{1}{\cosh y} = \frac{1}{\sqrt{1+\sinh^2 y}} = \frac{1}{\sqrt{1+x^2}}.$$

($\cosh y > 0$ だから $1 + \sinh^2 y$ の平方根は正の方をとった．)

(5.13) の証明は $y = \cosh^{-1} x$ を $x = \cosh y$ として $\dfrac{dx}{dy} = \sinh y$ から

$$\frac{dy}{dx} = \frac{1}{\sinh y} = \frac{1}{\pm\sqrt{\cosh^2 y - 1}} = \frac{1}{\pm\sqrt{x^2-1}}$$

を得るが，第 2 章の (6.14) で説明したように，$y = \cosh^{-1} x$ は通常 $y > 0$ となるように定める．そうすると $\sinh y > 0$ だから，$\cosh^2 y - 1$ の平方根は正の方をとる．

(5.14) の証明も同様である．

最後に (3.6) が $x > 0$ ではすべての実数 n に対して成り立つことを証明する．$y = x^n = e^{n\log x}$ を連鎖律 (3.9) を使って微分すれば

$$y' = e^{n\log x}\frac{d}{dx}(n\log x) = e^{n\log x}\frac{n}{x} = nx^{n-1}.$$

6. 定数 e について

前節で e を $\lim_{h \to 0} \dfrac{a^h - 1}{h} = 1$ となるような a として定義した. すなわち,

(6.1) $$\lim_{h \to 0} \frac{e^h - 1}{h} = 1$$

である. これは, h が小さいとき

$$\frac{e^h - 1}{h} \sim 1 \quad (\sim は大体等しいという意味)$$

ということだから $e^h - 1 \sim h$, したがって $e^h \sim 1 + h$, そして

$$e \sim (1 + h)^{\frac{1}{h}}$$

である. だから

(6.2) $$e = \lim_{h \to 0}(1 + h)^{\frac{1}{h}}$$

となると予想される. これを証明するために, 公式 (5.4): $a^x = e^{x \log a}$ を $a = 1 + h$, $x = 1/h$ の場合に適用して

(6.3) $$(1 + h)^{\frac{1}{h}} = e^{\frac{1}{h} \log(1 + h)}$$

を得る. ここで $h \to 0$ としたときの極限を求めるのだから, 右辺のべきの極限をまず計算する. $\log 1 = 0$ だから,

$$\lim_{h \to 0} \frac{1}{h} \log(1 + h) = \lim_{h \to 0} \frac{1}{h} \{\log(1 + h) - \log 1\}$$

と書き直してみると, これは $\log x$ の $x = 1$ における微分にほかならない. したがって,

$$\lim_{h \to 0} \frac{1}{h} \log(1 + h) = \left(\frac{d}{dx}(\log x)\right)_{x=1} = \left(\frac{1}{x}\right)_{x=1} = 1$$

である. これで (6.3) の右辺は $h \to 0$ のとき e に近付くことがわかり, (6.2) が証明された.

我々は (6.1) により e を定義し (6.2) を証明したが, (6.2) で e を定義している本も少なくない. その際, h として $1/n$ をとり, 整数 n を大きくす

るのが普通である．すなわち，

(6.4) $$e = \lim_{n \to \infty} \left(1 + \frac{1}{n}\right)^n$$

と定義するのである．右辺をもう少し詳しく調べてみよう．二項定理

$$(a+b)^n = a^n + na^{n-1}b + \frac{n(n-1)}{1 \cdot 2}a^{n-2}b^2 + \cdots$$
$$+ \frac{n(n-1)\cdots(n-n+1)}{1 \cdot 2 \cdots n}b^n$$

を $a=1$, $b=\dfrac{1}{n}$ に適用すると

(6.5) $$\left(1 + \frac{1}{n}\right)^n$$
$$= 1 + n \cdot \frac{1}{n} + \frac{n(n-1)}{1 \cdot 2}\frac{1}{n^2} + \cdots + \frac{n(n-1)\cdots(n-n+1)}{1 \cdot 2 \cdots n}\frac{1}{n^n}$$
$$= 1 + 1 + \frac{1}{1 \cdot 2}\left(1 - \frac{1}{n}\right) + \frac{1}{1 \cdot 2 \cdot 3}\left(1 - \frac{1}{n}\right)\left(1 - \frac{2}{n}\right) + \cdots$$
$$+ \frac{1}{1 \cdot 2 \cdots n}\left(1 - \frac{1}{n}\right)\left(1 - \frac{2}{n}\right)\cdots\left(1 - \frac{n-1}{n}\right).$$

一般に，k 番目の項は

(6.6) $$\frac{1}{1 \cdot 2 \cdots k}\left(1 - \frac{1}{n}\right)\left(1 - \frac{2}{n}\right)\cdots\left(1 - \frac{k-1}{n}\right)$$

である．この項は正で n が大きくなると値は大きくなる．しかも，(6.5)で n が大きくなると項の数も増える．したがって $\left(1 + \dfrac{1}{n}\right)^n$ は n と共に単調に増加する．(6.6) は $\dfrac{1}{k!}$ より小さいから，次のような非常に大雑把な評価を得る：

$$\left(1 + \frac{1}{n}\right)^n < 1 + 1 + \frac{1}{2!} + \frac{1}{3!} + \cdots + \frac{1}{n!}$$
$$< 1 + 1 + \frac{1}{2} + \frac{1}{2^2} + \cdots + \frac{1}{2^{n-1}}$$
$$< 1 + 2 = 3.$$

この非常に雑な評価から $2 < e \leq 3$ であることがわかる．(6.6) は $n \to \infty$ のとき $\dfrac{1}{k!}$ に近付くから

$$e = 1 + 1 + \frac{1}{2!} + \frac{1}{3!} + \frac{1}{4!} + \cdots + \frac{1}{n!} + \cdots\cdots$$

となりそうである．実際そうなることは **10** 節で e^x のべき級数展開をするときにわかる．

(6.2) を x 乗すれば

(6.7) $\qquad e^x = \lim_{h \to 0} (1+h)^{\frac{x}{h}}$

ここで $h = xk$ とおけば $(1+h)^{\frac{x}{h}} = (1+xk)^{\frac{1}{k}}$, そして $k \to 0$ のとき $h \to 0$ だから，

(6.8) $\qquad e^x = \lim_{k \to 0} (1+xk)^{\frac{1}{k}}$

とも書ける．この形なら (6.2) と全く同様にして直接に証明することもできる．また (6.5) 以下の計算を $\left(1 + \dfrac{x}{n}\right)^n$ に対してすれば

(6.9) $\qquad e^x = 1 + x + \dfrac{1}{2!}x^2 + \dfrac{1}{3!}x^3 + \cdots + \dfrac{1}{n!}x^n + \cdots\cdots$

となりそうなこともわかる．これは後に **10** 節で証明する．

7. 高次の微分

関数 $y = f(x)$ の微分 $\dfrac{dy}{dx} = f'(x)$ が また連続で微分可能なら，その微分を $y = f(x)$ の第 2 階(または第 2 次)微分とよび，$\dfrac{d^2y}{dx^2} = f''(x)$ と書く．すなわち，

$$\frac{d}{dx}\left(\frac{dy}{dx}\right) = \frac{d^2y}{dx^2}.$$

それが また連続で微分可能なら，第 3 階の微分 $\dfrac{d^3y}{dx^3} = f'''(x)$ が定義される．以下，同様にして，**第 n 階微分**を $\dfrac{d^n y}{dx^n} = f^{(n)}(x)$ と書く．

多項式，有理関数は微分してもそれぞれ多項式，有理関数だから，何回でも続けて微分できることは明らかである．多項式は微分するたびに次数が（少なくとも）1 つ下がるから，n 次の多項式は $n+1$ 回微分すれば 0 になる．三角関数，指数関数，対数関数なども 何回でも微分できることは **4, 5** 節の公式から明らかである．しかし，(2.8) で考えた関数

$$(7.1) \qquad f(x) = \begin{cases} x^2 \sin \dfrac{1}{x} & (x \neq 0), \\ 0 & (x = 0) \end{cases}$$

はいたるところで 1 回微分できるが，$f'(x)$ は $x=0$ で連続でさえもないから $f''(0)$ はもちろん定義されない．（**2** 節では略した (2.10) の計算は，**3, 4** 節の知識を使えば容易である．）

任意の関数 $f(x)$ と $g(x)$，定数 a, b に対し（$f(x)$ と $g(x)$ が n 回微分可能なところで）

$$(7.2) \qquad \frac{d^n}{dx^n}\{af(x) + bg(x)\} = a\frac{d^n}{dx^n}f(x) + b\frac{d^n}{dx^n}g(x)$$

となることは明らかだが，次の $f(x)g(x)$ の第 n 階微分の公式は**ライプニッツ (Leibniz) の公式**とよばれ（$f(x), g(x)$ を単に f, g と書く），

$$(7.3) \qquad (fg)^{(n)} = f^{(n)}g + \binom{n}{1}f^{(n-1)}g' + \binom{n}{2}f^{(n-2)}g'' + \cdots \\ + \binom{n}{n-1}f'g^{(n-1)} + fg^{(n)}.$$

ただし $\displaystyle \binom{n}{k} = \frac{n!}{(n-k)!\,k!}$

である．

一般項は
$$\binom{n}{k} f^{(n-k)} g^{(k)}$$
の形をしている．これは二項定理と同じ型の公式である．(3.1) と (3.2) を繰り返して使って fg の高次微分を順に計算すれば

$$
\begin{aligned}
&0\text{階} \cdots\cdots && fg \\
&1\text{階} \cdots\cdots && f'g + fg' \\
&2\text{階} \cdots\cdots && f''g + 2f'g' + fg'' \\
&3\text{階} \cdots\cdots && f'''g + 3f''g' + 3f'g'' + fg'''
\end{aligned}
$$

となり，係数が

$$
\begin{array}{ccccccc}
& & & 1 & & & \\
& & 1 & & 1 & & \\
& 1 & & 2 & & 1 & \\
1 & & 3 & & 3 & & 1
\end{array}
$$

とパスカル (Pascal) の三角形をつくるので公式 (7.3) を発見するのは易しい．

　形式的にきちんと証明するには数学的帰納法を使う．

$$(fg)^{(n-1)} = f^{(n-1)}g + \binom{n-1}{1} f^{(n-2)} g' + \binom{n-1}{2} f^{(n-3)} g'' + \cdots + fg^{(n-1)}$$

が成り立つとする．これをもう一度微分したとき，$\binom{n-1}{k} f^{(n-k-1)} g^{(k)}$ の $f^{(n-k-1)}$ を微分した項と $\binom{n-1}{k-1} f^{(n-k)} g^{(k-1)}$ の $g^{(k-1)}$ を微分した項をまとめて

$$\left(\binom{n-1}{k} + \binom{n-1}{k-1}\right) f^{(n-k)} g^{(k)}$$

という項を得るから

(7.4) $$\binom{n-1}{k} + \binom{n-1}{k-1} = \binom{n}{k}$$

を証明すればよい．これは良く知られた公式だが念のため証明しておく．記号 $\binom{n}{k}$ は $1, 2, \cdots, n$ という n 個の数字から k 個選ぶときの選び方の数である．このとき，選び方を次のように2種類に分ける．数字 n を入れないで k 個選ぶ選び方は $1, 2, \cdots, n-1$ から k 個選ぶのだから $\binom{n-1}{k}$ だけ選び方がある．もう1つは，数字 n を含むように k 個選ぶのだが，それは $1, 2, \cdots, n-1$ から あと $k-1$ 個選ぶ選び方だけあるから $\binom{n-1}{k-1}$ だけある．これで (7.4) が証明された．もちろん

$$\binom{n-1}{k} + \binom{n-1}{k-1} = \frac{(n-1)!}{(n-1-k)!\, k!} + \frac{(n-1)!}{(n-k)!\, (k-1)!}$$

$$= \frac{(n-1)!\,(n-k)}{(n-k)!\, k!} + \frac{(n-1)!\, k}{(n-k)!\, k!}$$

$$= \frac{n!}{(n-k)!\, k!} = \binom{n}{k}$$

としても証明できる．

8. 微分とグラフ

関数 $y = f(x)$ のグラフを描くとき，一番原始的な方法は 十分にたくさんの x の点で $f(x)$ の値 (すなわち y 座標) を計算して得られた点を順に大体まっすぐに，しかし全体的には滑らかになるようにつないでいく．しかし，これは上下に頻繁に振動するようなグラフの場合には，よほど上手にそれらの点を選ばないと大変なことになる．たとえ緩やかに変化するグラフの場合でも，どこでグラフが (局所的に) 最高または最低になるかを正確に知るのは難しい．しかし微分，特に第1階と第2階の微分を使うことにより，もっと簡単に そして近似的にも良いグラフを描くことができる．その方法

をここで説明する．もちろんこの方法は微分可能な関数にしか使えない．

まず，点 x_0 で第 1 階微分 $f'(x_0)$ が存在すると仮定する．$f'(x_0) > 0$ ならば，$x = x_0$ で接線の勾配が正だから，x_0 の近くでは $f(x)$ は x と共に増加する．このことは，h が十分小さければ $\frac{1}{h}\{f(x_0+h) - f(x_0)\}$ が $f'(x_0)$ に近いから やはり正で，$h > 0$ に対し $f(x_0+h) - f(x_0) > 0$．$h < 0$ に対し $f(x_0+h) - f(x_0) < 0$ となることからもわかる．同様に，$f'(x_0) < 0$ ならば $f(x)$ は x_0 の近くで減少する．

逆に，$f(x)$ が増加しているようなところでは微分 $f'(x)$ が正かというと それは必ずしも成り立たない．例えば，$f(x) = x^3$ は単調に増加する関数である．しかし $f'(x) = 3x^2$ だから，$x \neq 0$ では $f'(x) > 0$ であるが $f'(0) = 0$ である（図 8.1）．これは x^3 の場合だけでなく，$f(x) = x^5$, $f(x) = x^7$ など x の奇数べきの場合にも同様である．

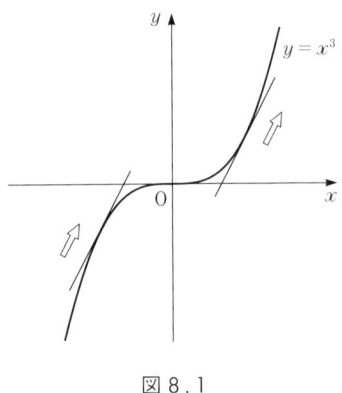

図 8.1

次に x_0 で $f(x)$ が**極大**（local maximum）であるとする．これは，x_0 の近くでは $f(x)$ が最大となるということである．もう少し形式的にいうと，十分小さい $\delta > 0$ をとれば，

(8.1) $\qquad f(x_0) \geq f(x), \qquad |x - x_0| < \delta$

となるということである．（この式の読み方は，$|x - x_0| < \delta$ ならば，すなわち $x_0 - \delta$ と $x_0 + \delta$ の間の x に対しては，$f(x_0) \geq f(x)$ となっているという意味である．）この場合には，h が小さいとき，すなわち $|h| < \delta$ のとき

$$f(x_0 + h) - f(x_0) \leq 0$$

となるから，

$h > 0$ ならば $\quad \dfrac{1}{h}\{f(x_0+h)-f(x_0)\} \leq 0$,

$h < 0$ ならば $\quad \dfrac{1}{h}\{f(x_0+h)-f(x_0)\} \geq 0$

である．したがって，

$$f'(x_0) = \lim_{h \to 0} \frac{1}{h}\{f(x_0+h)-f(x_0)\}$$

において，$h > 0$ の方から h を 0 に近付けたときの極限は負か 0，一方，$h < 0$ の方から h を 0 に近付けたときの極限は正か 0 である．しかし，微分 $f'(x_0)$ が定義されるということは，h がどのように 0 に近付いても，極限が存在するということだから，この極限は 0 でなければならない．これで $f(x)$ が x_0 で極大ならば $f'(x_0) = 0$ となることがわかった．

同様に $f(x)$ が x_0 で**極小**（local minimum）ならば やはり $f'(x_0) = 0$ となる．幾何学的には図 8.2 のように，$f(x)$ が極大，極小となるところでは接線が水平，すなわち勾配が 0 になっているということである．

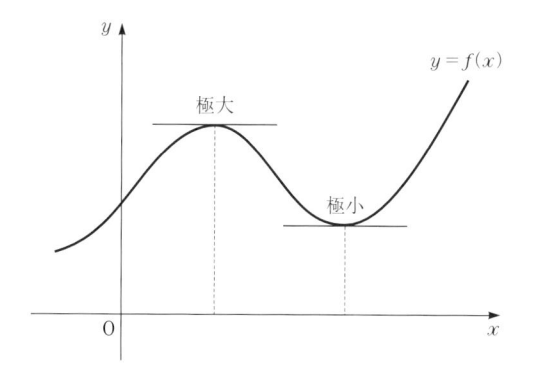

図 8.2

しかし，$f'(x_0) = 0$ であるからといって，x_0 で $f(x)$ が極大か極小になるとはいえないことは，再び関数 $f(x) = x^3$ の $x = 0$ での微分を見れば明らかである（図 8.1）．

ここまでは，$f(x)$ のグラフと $f'(x)$ の関係を調べた．次に $f''(x)$ の正負について考える．以下，$f'(x)$ が存在して連続，そして x_0 で $f''(x_0)$ が存在すると仮定する．

関数の微分が正なら そこで関数が増加していることは上で説明した．$f''(x)$ は $f'(x)$ の微分だから，$f''(x_0) > 0$ ならば $f'(x)$ は x_0 の近くで増加している．この状態をグラフで示すと図8.3のようになる．

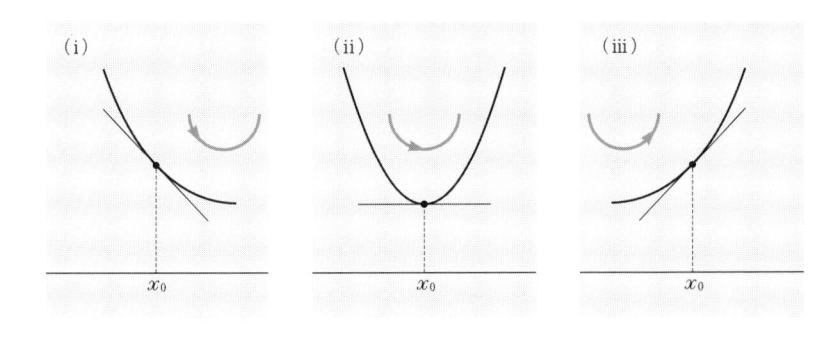

図8.3

図において，(i) は $f'(x_0) < 0$ で $f''(x_0) > 0$ の場合を示している．これは $f'(0) < 0$（すなわち勾配が下向き）のまま $f'(x)$ が増える（すなわち $|f'(x)|$ が減り，勾配が緩やかになる）様子を表わしている．

(ii) は $f'(x_0) = 0$ で $f''(x_0) > 0$ の場合を示している．この場合には $f'(x)$ は負から正に転じる様子を表わしている．

(iii) は $f'(x_0) > 0$ で $f''(x_0) > 0$ の場合を示している．この場合には勾配が上向きのまま次第に急になっていく様子を表わしている．

いずれにしても，グラフは下にふくらんでいる．この状態を**下方に凸**（convex downward）であるという．同様に $f''(x_0) < 0$ なら，$f(x)$ のグラフは x_0 で**上方に凸**（convex upward）になる（次頁の図8.4参照）．

したがって，$f'(x_0) = 0$ で $f''(x_0) > 0$ ならば $f(x)$ は x_0 で極小であり，$f'(x_0) = 0$ で $f''(x_0) < 0$ ならば $f(x)$ は x_0 で極大である．

図 8.4

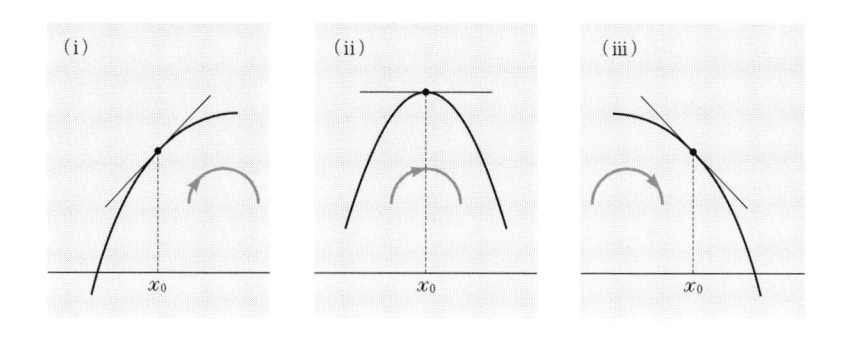

しかし，$f(x) = x^3$ のように $f'(0) = f''(0) = 0$ となる場合には上のどの場合にも当てはまらない．しかし第 3 階微分が 0 でないときは次のようなことがいえる．

もし，$f''(x_0) = 0$ だが $f'''(x_0) > 0$ ならば $f''(x)$ は x_0 のところで増加しているわけだから，$f''(x)$ は x_0 の少し前（$x < x_0$）では負で，x_0 で 0 になり，x_0 の少し後（$x_0 < x$）では正になる．ということは，$f(x)$ は x_0 の少し前では上方に凸，x_0 の少し後では下方に凸となる（図 8.5（i））．（$f(x) = x^3$ はこの場合である）．一方，もし $f''(x_0) = 0$, $f'''(x_0) < 0$ なら，$f(x)$ は x の少し前で下方に凸，x の少し後で上方に凸である（図 8.5（ii））．このよう

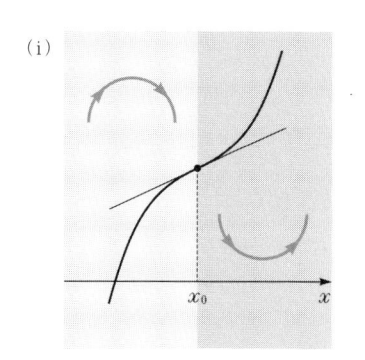

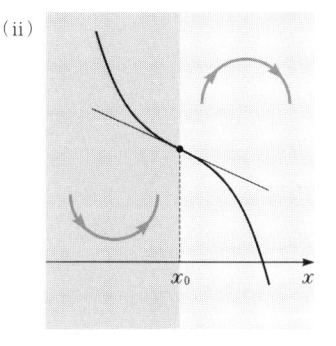

図 8.5

な x_0 を $f(x)$ の **変曲点**(point of inflection) とよぶ.（正確には $(x_0, f(x_0))$ を変曲点とよぶべきである．変曲点とは，そこで曲り方（すなわち凸の方向）が変わるという意味である．）

以上のことをまとめると次の表のようになる．

$f'(x_0)$	+	−				0	0
$f''(x_0)$			+	−	0	+	−
$f'''(x_0)$					$\neq 0$		
$f(x)$ は x_0 で	増加 ↗	減少 ↘	下方に凸 ⌣	上方に凸 ⌢	変曲	極小	極大

例 $f(x) = x^3 - 3a^2 x + 2a^3$ ($a > 0$) について考える．
$$f(x) = (x+2a)(x-a)^2$$
だから, $f(x)$ の零点は $x = a, -2a$ となり, $f(0) = 2a^3$ (y 切片) である．
$$f'(x) = 3x^2 - 3a^2$$
$$= 3(x+a)(x-a)$$
だから, $f'(x)$ の零点は $x = \pm a$ である．
$$f''(x) = 6x, \qquad f'''(x) = 6$$
だから, $f''(x)$ の零点は $x = 0$ である．

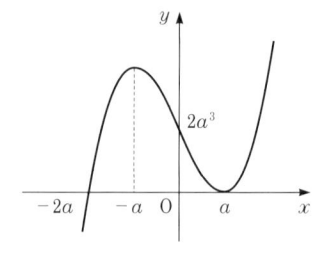

図 8.6

したがって,
$$x > 0 \ \text{で} \ f''(x) > 0; \quad x < 0 \ \text{で} \ f''(x) < 0.$$
特に $f''(a) > 0, \ f''(-a) < 0$. また,
$$x = 0 \ \text{で} \quad f''(0) = 0, \ f'''(0) = 6 \neq 0.$$
以上から, $f(x)$ は $x = a$ で極小; $x = -a$ で極大となる. $x < 0$ では上方に凸; $x > 0$ では下方に凸; $x = 0$ で変曲点となる. したがって, グラフは図 8.6 のようになる. ◇

9. 平均値定理とロピタルの法則

ロルの定理

まず平均値定理の特別な場合である**ロルの定理**(Rolle's theorem)から始める．

定理 1 （ロルの定理） 関数 $f(x)$ が区間 $a \leq x \leq b$ で連続で，区間 $a < x < b$ の各点で $f'(x)$ が存在するとする．もし $f(a) = f(b)$ ならば，どこか c $(a < c < b)$ で $f'(c) = 0$ となる．

証明 $f(x)$ が定数ならば，c としてどの点をとってもよい．$f(x)$ が定数でなければ，$f(x)$ は $a \leq x \leq b$ で連続だから，どこかで最大値と最小値をとり，最大値か最小値の少なくともどちらかは $f(a) = f(b)$ と異なる．その最大値か最小値をとる x の点を c とすれば $a < c < b$ であり，前節で示したように $f'(c) = 0$ である． ◇

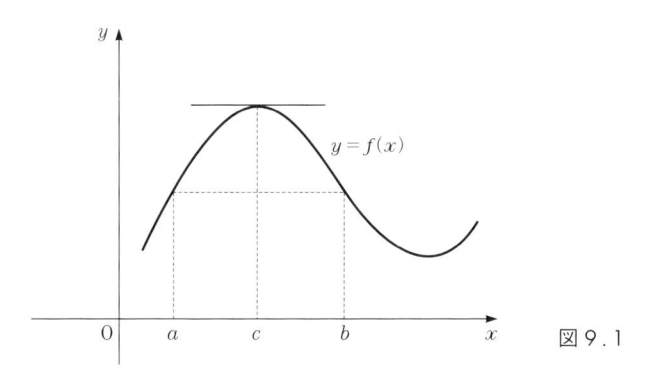

図 9.1

上の定理は図 9.1 のようなグラフを考えれば直観的には明らかであろう．ここでは $f(x)$ の最大値が $f(a) = f(b)$ と異なる場合のグラフを描いた．

また，2 節で説明したように x を時間と考え，$y = f(x)$ が y 軸上を動く粒子の位置を表わすとすると，条件 $f(a) = f(b)$ は 時刻 a のときに $f(a)$ から出発し，時刻 b で出発点 $f(a)$ に戻ったということである．途中，進ん

だり戻ったりを何回もするかもしれないが，例えば一番遠くまで行って戻り始める瞬間は一時停止するので，そのときの速度は 0 であるというのが上の定理の主張するところである．

平均値定理

ロルの定理で仮定：$f(a) = f(b)$ を落したのが**平均値定理**（mean value theorem）である．

定理 2 （平均値定理） 関数 $f(x)$ が $a \leq x \leq b$ で連続，$f'(x)$ が $a < x < b$ で存在するなら どこか c $(a < c < b)$ で
$$\frac{f(b) - f(a)}{b - a} = f'(c)$$
となる．

証明 $$g(x) = f(x) - \frac{f(b) - f(a)}{b - a}(x - a)$$
と定義すれば $g(a) = g(b) \,(= f(a))$ となり，$g(x)$ はロルの定理の仮定を満たすから $g'(c) = 0$ となるような c $(a < c < b)$ がある．
$$g'(x) = f'(x) - \frac{f(b) - f(a)}{b - a}$$
だから，上の式で $x = c$ とすれば定理の結論の式が成り立つ． ◇

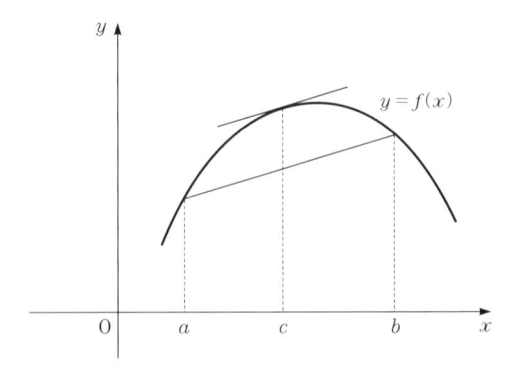

図 9.2

9. 平均値定理とロピタルの法則

この平均値定理の幾何学的意味は図9.2のグラフから明らかであろう．証明の $g(x)$ の定義もこのグラフを見れば非常に自然であることがわかる．すなわち，

$$y = \frac{f(b)-f(a)}{b-a}(x-a)$$

は点 $(a, f(a))$ と $(b, f(b))$ を結ぶ直線の式である．

再び $y = f(x)$ を y 軸上を動く粒子の時刻 x における位置とすると，

$$\frac{f(b)-f(a)}{b-a}$$

は時刻 $x = a$ から $x = b$ の間の平均速度である．一定の速度で動いていれば常にこの平均速度で動いているが，そうでなければ平均速度より速いときもあるし遅いときもあるが，必ず途中で平均速度と同じときがあるということである．

平均値定理の式を書き直して

$$f(b) = f(a) + f'(c)(b-a)$$

とし，さらに b の代りに x；c の代りに ξ と書いて

(9.1) $\qquad f(x) = f(a) + f'(\xi)(x-a)$

とする．$a < c < b$ であったから，ここでは $a < \xi < x$（または $x < \xi < a$）である．もちろん，x が変れば ξ も変る．大切なのは ξ は a と x の間にあるということである．(2.4) で説明したように，直線

$$y = f(a) + f'(a)(x-a)$$

は $y = f(x)$ の $(a, f(a))$ における接線で，この式は $x = a$ の近くでは $y = f(x)$ の近似を与えていた．(9.1) から直ちに次のことがわかる．

系 連続関数 $f(x)$（$a \leq x \leq b$）の微分が恒等的に 0，すなわち $f'(x) = 0$（$a < x < b$）ならば，$f(x)$ は定値関数，すなわち $f(x) = f(a)$（$a \leq x \leq b$）である．

コーシーの平均値定理

平均値定理のコーシー(Cauchy)による一般化を述べる．

定理 3 （コーシーの平均値定理） 関数 $f(t), g(t)$ は $a \leq t \leq b$ で連続で，$a < t < b$ で微分 $f'(t), g'(t)$ が存在するなら，どこか c ($a < c < b$) で

$$\frac{g(b) - g(a)}{f(b) - f(a)} = \frac{g'(c)}{f'(c)}$$

が成り立つ．（ただし，ここで $f(a) \neq f(b)$ で，$f'(t)$ と $g'(t)$ が同時に 0 になることはないと仮定する．）

証明 関数 $h(x)$ ($a \leq x \leq b$) を

$$h(x) = g(x) - g(a) - \frac{g(b) - g(a)}{f(b) - f(a)}(f(x) - f(a))$$

によって定義すると，$h(a) = h(b) = 0$ だから，ロルの定理により適当な c ($a < c < b$) で $h'(c) = 0$ となる．上の式の右辺を微分して

$$0 = h'(c) = g'(c) - \frac{g(b) - g(a)}{f(b) - f(a)} f'(c).$$

もし，$f'(c) = 0$ だと $g'(c) = 0$ となるから仮定に反する．したがって $f'(c) \neq 0$．これから定理の式は直ちに得られる． ◇

幾何学的には，この定理は

$$x = f(t), \qquad y = g(t)$$
$$(a \leq t \leq b)$$

によって定義される曲線を考えると，図 9.3 のように

$$\frac{g(b) - g(a)}{f(b) - f(a)}$$

は点 $(f(a), g(a))$ と $(f(b), g(b))$ を結ぶ直線の勾配で，a と b の間の適当

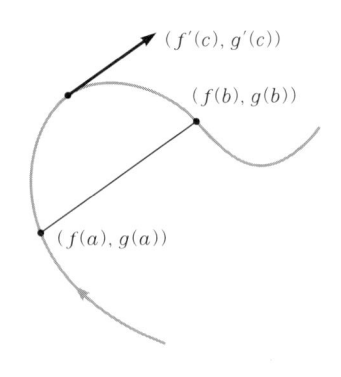

図 9.3

な c での接ベクトル $(f'(c), g'(c))$ の勾配 $\dfrac{g'(c)}{f'(c)}$ に等しくなるといっている．したがって，幾何学的にはもとの平均値定理とほとんど同じである．しかし応用上はこの一般な形の方が大分便利である．応用について述べる前に，$(f(t), g(t))$ を (x, y)-平面上を動く粒子の時刻 t のときの位置として，定理の意味を考えてみる．$t=a$ から $t=b$ までの間の平均速度は

$$\left(\frac{f(b)-f(a)}{b-a}, \frac{g(b)-g(a)}{b-a}\right)$$

で与えられる．$t=c$ における速度は $(f'(c), g'(c))$ で与えられるから，定理の主張するところは，適当な $t=c$ での速度（ベクトル）$(f'(c), g'(c))$ が $t=a$ から $t=b$ の間の平均速度（ベクトル）に平行になるということである．

さて，定理の式において，b を t；c を ξ と書けば

(9.2) $$\frac{g(t)-g(a)}{f(t)-f(a)} = \frac{g'(\xi)}{f'(\xi)} \qquad (a < \xi < t)$$

となる．ここで，ξ は a と t の間にあり，t が変れば ξ も変る．

ロピタルの法則（0/0 の場合）

式 (9.2) の応用として**ロピタルの法則**（L'Hospital's rule）を証明する．

定理 4　（ロピタルの法則：0/0 の場合）　$a < x < b$ で連続な関数 $f(x)$ と $g(x)$ が条件

(i) $\displaystyle\lim_{x \to a} f(x) = \lim_{x \to a} g(x) = 0$,

(ii) 微分 $f'(x), g'(x)$ と 極限 $\displaystyle\lim_{x \to a} \frac{g'(x)}{f'(x)}$ が存在する

を満たすならば

$$\lim_{x \to a} \frac{g(x)}{f(x)} = \lim_{x \to a} \frac{g'(x)}{f'(x)}$$

が成り立つ．

$x \to a$ のとき $f(x)$ も $g(x)$ も 0 に近付くとき, $\dfrac{g(x)}{f(x)}$ の分母と分子の極限をそれぞれ計算したのでは $0/0$ となって困るが, $f'(x)$ と $g'(x)$ の極限を求めることによりしばしば正しい極限が求められるのである.

証明 まず, $f(a) = \lim_{x \to a} f(x) = 0$, $g(a) = \lim_{x \to a} g(x) = 0$ として $f(a), g(a)$ を定義することにより, $f(x)$ と $g(x)$ を $x = a$ まで含めて連続にする. どうせ a の近くの話をしているのだから, b を少し a の方に近く選べば関数 $f(x)$ と $g(x)$ は $x = b$ でも定義され連続である. したがって, (9.2) が使える状態にある(もちろん, ここでは t の代りに x を使っている). いま $f(a) = g(a) = 0$ だから, (9.2) は

$$\frac{g(x)}{f(x)} = \frac{g'(\xi)}{f'(\xi)}$$

となる. ここで, ξ は a と x の間にある(すなわち, $a < \xi < x$)ということが大切である. $x \to a$ のとき, $\xi \to a$ だから

$$\lim_{x \to a} \frac{g(x)}{f(x)} = \lim_{\xi \to a} \frac{g'(\xi)}{f'(\xi)}$$

となり, ロピタルの法則が証明された. ◇

例 ロピタルの法則を使って

$$\lim_{x \to 0} (1 + x)^{\frac{1}{x}} \qquad (x > 0 \text{ として, } x \to 0 \text{ とするのである})$$

を計算してみる. $(1 + x)^{\frac{1}{x}}$ の自然対数

$$\log(1 + x)^{\frac{1}{x}} = \frac{\log(1 + x)}{x}$$

の $x \to 0$ のときの極限はロピタルの法則を使うと

$$\lim_{x \to 0} \log(1 + x)^{\frac{1}{x}} = \lim_{x \to 0} \frac{\log(1 + x)}{x}$$

$$= \lim_{x \to 0} \frac{\dfrac{1}{1 + x}}{1} = 1$$

となる. $\log(1 + x)^{\frac{1}{x}}$ の極限が 1 だから, $(1 + x)^{\frac{1}{x}}$ の極限は e である. ◇

9. 平均値定理とロピタルの法則

もし $\lim_{x \to 0} f'(x) = \lim_{x \to 0} g'(x) = 0$ なら，ロピタルの法則をもう一度使って

$$\lim_{x \to 0} \frac{g'(x)}{f'(x)} = \lim_{x \to 0} \frac{g''(x)}{f''(x)}$$

を得る．（ここでは $\lim_{x \to 0} f''(x) \neq 0$ と仮定している．）

$\lim_{x \to 0} f''(x) = \lim_{x \to 0} g''(x) = 0$ なら，もう一度ロピタルの法則を使えばよい．例えば，ロピタルの法則を 3 回使って

$$\lim_{x \to 0} \frac{e^x - \left(1 + x + \frac{1}{2}x^2\right)}{x^3} = \lim_{x \to 0} \frac{e^x - (1 + x)}{3x^2}$$

$$= \lim_{x \to 0} \frac{e^x - 1}{3 \cdot 2x} = \lim_{x \to 0} \frac{e^x}{3 \cdot 2 \cdot 1} = \frac{1}{3!}.$$

系 ロピタルの法則は $a < x < \infty$ で定義された関数に対し，$x \to \infty$ の場合にも成り立つ．

証明 変換 $x = \dfrac{1}{t}$ によって，$x \to \infty$ を $t \to 0$ の場合に帰する．

$$F(t) = f\left(\frac{1}{t}\right), \qquad G(t) = g\left(\frac{1}{t}\right)$$

と定義する．$\lim_{x \to \infty} f(x) = \lim_{x \to \infty} g(x) = 0$ と仮定しているから

$$\lim_{t \to 0} F(t) = \lim_{t \to 0} G(t) = 0.$$

また，連鎖律 (3.9) $\left(\dfrac{dF}{dt} = \dfrac{df}{dx}\dfrac{dx}{dt}, \dfrac{dG}{dt} = \dfrac{dg}{dx}\dfrac{dx}{dt}\right)$ により

$$F'(t) = -\frac{1}{t^2} f'\left(\frac{1}{t}\right), \qquad G'(t) = -\frac{1}{t^2} g'\left(\frac{1}{t}\right).$$

したがって

$$\lim_{t \to 0} \frac{G'(t)}{F'(t)} = \lim_{x \to \infty} \frac{g'(x)}{f'(x)}$$

となり，

$$\lim_{x \to \infty} \frac{g(x)}{f(x)} = \lim_{t \to 0} \frac{G(t)}{F(t)} = \lim_{t \to 0} \frac{G'(t)}{F'(t)} = \lim_{x \to \infty} \frac{g'(x)}{f'(x)}. \qquad \diamond$$

$x \to -\infty$ の場合も同様である．しかし，この系はそれほど使う機会はなく，次に述べる $\lim_{x \to a} f(x) = \lim_{x \to a} g(x) = \infty$ となる場合の方が有用である．

ロピタルの法則（∞/∞ の場合）

定理 5 （ロピタルの法則：∞/∞ の場合） $a < x < b$ で連続な関数 $f(x)$ と $g(x)$ が条件

(ⅰ) $\lim_{x \to a} f(x) = \lim_{x \to a} g(x) = \infty$ ，

(ⅱ) 微分 $f'(x), g'(x)$ と 極限 $L = \lim_{x \to a} \dfrac{g'(x)}{f'(x)}$ が存在する

を満たすならば

$$\lim_{x \to a} \frac{g(x)}{f(x)} = \lim_{x \to a} \frac{g'(x)}{f'(x)}$$

が成り立つ．

証明 0/0 の場合より難しい．条件（ⅰ）のために連続関数として $f(a), g(a)$ を定義できないから，区間 $[a, x]$ で平均値定理を使うわけにはいかない．そこで c （$a < c < b$）を十分 a に近くとり，さらに $a < x < c$ として区間 $[x, c]$ で平均値定理を使う．まず大雑把なアイデアを述べる．定理 3 により

(∗) $\qquad \dfrac{g(x) - g(c)}{f(x) - f(c)} = \dfrac{g'(\xi)}{f'(\xi)} \qquad$ (ここで $a < x < \xi < c$).

一方，$x \to a$ のとき，$f(x) \to \infty$，$g(x) \to \infty$ だから，$\dfrac{f(c)}{f(x)} \to 0$，$\dfrac{g(c)}{g(x)} \to 0$．したがって $c \to a$ とすれば $\xi, x \to a$ で

$$\frac{g(x) - g(c)}{f(x) - f(c)} = \frac{g(x)}{f(x)} \cdot \frac{1 - \dfrac{g(c)}{g(x)}}{1 - \dfrac{f(c)}{f(x)}}$$

は $\dfrac{g(x)}{f(x)}$ と同じ極限をもつ．そのとき，(∗) により $\dfrac{g'(\xi)}{f'(\xi)}$ も同じ極限に近付くので定理が得られる．しかしこういう議論は ε-δ 式にしないと危なっかしい．以下きちんとした証明を与える．

9. 平均値定理とロピタルの法則

小さい $\varepsilon > 0$ が与えられたとする．条件（ii）が満たされているから，c を十分 a に近くとり，$a < \xi < c$ となる ξ に対して

$$(\ast\ast) \qquad \left| \frac{g'(\xi)}{f'(\xi)} - L \right| < \varepsilon$$

となるようにする．

一方，

$$\begin{aligned}
\frac{g(x)}{f(x)} - \frac{g(x) - g(c)}{f(x) - f(c)} &= \frac{f(x)g(c) - g(x)f(c)}{f(x)\{f(x) - f(c)\}} \\
&= \frac{f(x)g(c) - f(c)g(c) + f(c)g(c) - g(x)f(c)}{f(x)\{f(x) - f(c)\}} \\
&= \frac{\{f(x) - f(c)\}g(c) - \{g(x) - g(c)\}f(c)}{f(x)\{f(x) - f(c)\}} \\
&= \frac{g(c)}{f(x)} - \frac{f(c)}{f(x)} \frac{g'(\xi)}{f'(\xi)} \qquad (a < x < \xi < c).
\end{aligned}$$

$(\ast\ast)$ により $\varepsilon > \left| \dfrac{g'(\xi)}{f'(\xi)} - L \right| > \left| \dfrac{g'(\xi)}{f'(\xi)} \right| - |L|$．したがって

$$\left| \frac{g'(\xi)}{f'(\xi)} \right| < |L| + \varepsilon.$$

また $x \to a$ のとき $f(x) \to \infty$ だから，x を十分 a に近くとれば

$$\left| \frac{g(c)}{f(x)} \right| < \frac{\varepsilon}{2}, \qquad \left| \frac{f(c)}{f(x)} \right| < \frac{\varepsilon}{2(|L| + \varepsilon)}$$

となる．そうすれば

$$\begin{aligned}
\left| \frac{g(x)}{f(x)} - \frac{g(x) - g(c)}{f(x) - f(c)} \right| &< \left| \frac{g(c)}{f(x)} \right| + \left| \frac{f(c)}{f(x)} \cdot \frac{g'(\xi)}{f'(\xi)} \right| \\
&< \frac{\varepsilon}{2} + \frac{\varepsilon}{2(|L| + \varepsilon)}(|L| + \varepsilon) = \varepsilon.
\end{aligned}$$

上の式に $(\ast)$ を使えば

$$(\ast\ast\ast) \qquad \left| \frac{g(x)}{f(x)} - \frac{g'(\xi)}{f'(\xi)} \right| < \varepsilon.$$

これは，任意の $\varepsilon > 0$ に対し，c を十分 a に近くとり さらに x を a に十分近くとれば，x と c の間の適当な ξ で上の不等式が成り立つということである．（a, c, x, ξ の大小関係は $a < x < \xi < c$ となっている．） $\varepsilon > 0$ は任意だから，ここで $\varepsilon \to 0$ とする．それに応じて $c \to a$，そして $\xi, x \to a$ となる．$(\ast\ast\ast)$ か

ら
$$\lim_{x \to a} \frac{g(x)}{f(x)} = \lim_{\xi \to a} \frac{g'(\xi)}{f'(\xi)}$$
を得る．（$a < x < \xi < c$ で $c \to a$ だから，右辺の項の変数は ξ でも x でも同じである．） ◇

この定理を納得いくように証明しようとすると このように「任意の $\varepsilon > 0$ に対し…」という論法を使わないですますことは難しい．

$\dfrac{0}{0}$ の場合の系と同様，次の系が成り立つ．

系 $\dfrac{\infty}{\infty}$ の場合のロピタルの法則も，$a < x < \infty$ で定義された関数に対し $x \to \infty$ の場合に同様に成り立つ．

応用として $x \to \infty$ のときの $e^x, \log x, x^n$ の増加の仕方を比較する．すなわち，

(9.3)　　(ⅰ) $\displaystyle\lim_{x \to \infty} \frac{x^n}{e^x} = 0$　　(ⅱ) $\displaystyle\lim_{x \to \infty} \frac{(\log x)^n}{x} = 0$

となることを証明する．$n \leq 0$ のときは明らかだから $n > 0$ とする．(ⅰ) は $\dfrac{d}{dx}e^x = e^x$ だから，

$$\lim_{x \to \infty} \frac{x^n}{e^x} = \lim_{x \to \infty} \frac{nx^{n-1}}{e^x} = \lim_{x \to \infty} \frac{n(n-1)x^{n-2}}{e^x} = \cdots\cdots$$

と続ければ，分子は 0 になる（n が整数の場合）か x の負のべき（n が整数でない場合）となり，極限が 0 になる．

また (ⅱ) は $\dfrac{d}{dx}(\log x)^n = n\dfrac{1}{x}(\log x)^{n-1}$ を使って

$$\lim_{x \to \infty} \frac{(\log x)^n}{x} = \lim_{x \to \infty} \frac{\dfrac{n}{x}(\log x)^{n-1}}{1} = \lim_{x \to \infty} \frac{n(\log x)^{n-1}}{x}$$
$$= \lim_{x \to \infty} \frac{n(n-1)(\log x)^{n-2}}{x} = \cdots\cdots$$

9. 平均値定理とロピタルの法則

で（i）の場合と同様 0 になる．

（i）を使えば任意の多項式 $p(x)$ に対し

(9.4) $$\lim_{x\to\infty}\frac{p(x)}{e^x}=0$$

となることがわかる．また，（ii）の左辺の項を $\frac{1}{n}$ 乗し，$\delta=\frac{1}{n}$ とおけば

(9.5) $$\lim_{x\to\infty}\frac{\log x}{x^\delta}=0 \qquad (\delta>0)$$

を得る．これは $x\to\infty$ のとき $\log x$ の増加の仕方が非常にゆっくりしていることを示している．

もう1つ重要な応用として，関数

(9.6) $$f(x)=\begin{cases} e^{-\frac{1}{x^2}} & (x\neq 0), \\ 0 & (x=0) \end{cases}$$

に対して

(9.7) $$f^{(n)}(0)=0 \qquad (n=1,2,3,\cdots)$$

となることを証明する．そのために，まず準備として

(9.8) $$\lim_{x\to 0} x^{-k} e^{-\frac{1}{x^2}}=0 \qquad (k\text{ は実数})$$

を証明しておく．それには $x^2=\dfrac{1}{t}$ と変換し，(9.3) の（i）を使って

$$\lim_{x\to 0} x^{-k} e^{-\frac{1}{x^2}} = \lim_{t\to\infty}\frac{t^{\frac{k}{2}}}{e^t}=0.$$

さて，

$$f'(x)=2x^{-3}e^{-\frac{1}{x^2}} \qquad (x\neq 0),$$

$$f'(0)=\lim_{x\to 0}\frac{f(x)-f(0)}{x}=\lim_{x\to 0}x^{-1}e^{-\frac{1}{x^2}}=0 \quad ((9.8)\text{ により})$$

$$f''(x)=(-3\cdot 2 x^{-4}+2^2 x^{-6})e^{-\frac{1}{x^2}} \qquad (x\neq 0),$$

$$f''(0)=\lim_{x\to 0}\frac{f'(x)-f'(0)}{x}=\lim_{x\to 0} 2x^{-4}e^{-\frac{1}{x^2}}=0 \,((9.8)\text{ により})$$

$$f'''(x) = (4\cdot3\cdot2x^{-5} - 2^2\cdot3^2 x^{-7} + 2^3 x^{-9})e^{-\frac{1}{x^2}} \qquad (x\neq 0),$$

$$f'''(0) = \lim_{x\to 0}\frac{f''(x)-f''(0)}{x}$$

$$= \lim_{x\to 0}(-3\cdot2x^{-5} + 2^2 x^{-7})e^{-\frac{1}{x^2}} = 0 \qquad ((9.8) \text{により})$$

と続く.(9.8) を使って,一般に「$x\neq 0$ で $f^{(n)}(x)$ は $x^{-k}e^{-\frac{1}{x^2}}$ の形の項の1次結合で,また $f^{(m)}(0) = 0$($m\leq n$)となる」ことを仮定して,「$x\neq 0$ で $f^{(n+1)}(x)$ も $x^{-k}e^{-\frac{1}{x^2}}$ の形の項の1次結合で,$f^{(n+1)}(0) = 0$ となる」ことを証明すればよい.$f^{(n)}(x)$ を正確に知る必要はない.(すなわち1次結合の係数を正確に知る必要はない.)

　数学愛好者であった L'Hospital 侯 (ロピタル) (1661 - 1704) は 1692 年にパリを訪れた Johann Bernouilli (ヨハン ベルヌーイ) を自宅に招きライプニッツ流の微積分を教わり,1696 年に Analyse des Infiniment Petits (無限小の解析) を著した.この本は微積分の最初の教科書で評判も良く版を重ね 18 世紀のヨーロッパで広く読まれた.0/0 の場合のロピタルの法則がこの本にでてくる.しかし,これに関しては,ロピタル侯がヨハンにずっとサラリーを払う代償として,ヨハンが得た数学の結果を勝手に使ってよいという契約を結んでいたとか,ヨハンの講義を元にした本だとか,1924 年まで日の目を見ることのなかったヨハンの微分法の本の剽窃だとかいろいろの説があるが,いずれにしてもロピタルの法則はヨハン・ベルヌーイによるものであることは間違いないらしい.しかしロピタル侯には本を書く才能があったらしく,ヨハンの本より読み易く,また没後に出版された Traité Analytique des Sections Coniques (円錐曲線の解析理論) も 18 世紀の間,円錐曲線に関する標準的教科書であった.

10. テイラー展開

テイラー多項式

この節では関数 $y=f(x)$ は $x=a$ を含む適当な区間で定義されていて,必要な回数だけ何回でも微分できるとする.

(10.1) $\qquad y = f(a) + f'(a)(x-a)$

は $y=f(x)$ のグラフの点 $(a, f(a))$ における接線の式で,$x=a$ の近くで $y=f(x)$ の近似であることは **2** 節で説明した.(10.1)は1次式であるが,もっと次数の高い多項式を使えば $f(x)$ のより良い近似が得られるはずである.近似といっても意味はいろいろにとれるが,ここでは $x=a$ において $f(x)$ と第 n 階までの微分が一致するような n 次多項式 $p_n(x)$ を求める.(n 次多項式の第 $n+1$ 階以上の微分は 0 だから,考えても無駄である.)

$x=a$ での微分を計算するのだから,

(10.2) $\qquad p_n(x) = a_0 + a_1(x-a) + a_2(x-a)^2 + \cdots + a_n(x-a)^n$

と書いておくと便利である.このような形に書けることを示すには,$p_n(x)$ を $x-a$ で割ったときの商を $q_1(x)$,余りを a_0 として $p_n(x) = a_0 + q_1(x)(x-a)$ と書き,次に $q_1(x)$ を $x-a$ で割り,その商を $q_2(x)$,余りを a_1 として $q_1(x) = a_1 + q_2(x)(x-a)$ と書く,というように続けていけばよい.さて,

(10.3) $\qquad f(a) = p_n(a), \quad f'(a) = p_n{}'(a), \quad f''(a) = p_n{}''(a),$
$\qquad\qquad \cdots, \quad f^{(n)}(a) = p_n{}^{(n)}(a)$

となるように $p_n(x)$ をきめよう.(10.2)と(10.3)から

$$f(a) = p_n(a) = a_0, \qquad f'(a) = p_n{}'(a) = a_1,$$
$$f''(a) = p_n{}''(a) = 2a_2, \qquad \cdots\cdots$$
$$f^{(k)}(a) = p_n{}^{(k)}(a) = k!\, a_k, \quad \cdots\cdots$$
$$f^{(n)}(a) = p_n{}^{(n)}(a) = n!\, a_n$$

となる．すなわち (10.2) の係数 $a_0, a_1, \cdots, a_n$ は

(10.4) $\qquad a_k = \dfrac{f^{(k)}(a)}{k!} \qquad (k = 0, 1, \cdots, n)$

によって与えられる．すなわち，

(10.5) $\qquad p_n(x) = f(a) + f'(a)(x-a) + \dfrac{f''(a)}{2!}(x-a)^2 + \cdots$
$$+ \dfrac{f^{(n)}(a)}{n!}(x-a)^n$$
$$= \sum_{k=0}^{n} \dfrac{f^{(k)}(a)}{k!}(x-a)^k.$$

この $p_n(x)$ を $f(x)$ の $x = a$ における n 次の**テイラー多項式**(Taylor polynomial)とよぶ．

テイラーの公式(微分の形の剰余項の場合)

(9.1) の一般化として次の剰余項付き**テイラーの公式**(Taylor's formula)を証明する．

区間 $|x - a| < R$ で定義された連続関数 $f(x)$ が連続な微分 $f'(x)$, $f''(x), \cdots, f^{(n)}(x)$ をもち，さらに $f^{(n+1)}(x)$ が存在するならば

(10.6) $\qquad f(x) = \sum_{k=0}^{n} \dfrac{f^{(k)}(a)}{k!}(x-a)^k + \dfrac{f^{(n+1)}(\xi)}{(n+1)!}(x-a)^{n+1}$

が成り立つ．ここで ξ は a と x の間の適当な点($a < \xi < x$ または $x < \xi < a$)である．

$n = 0$ が (9.1) にほかならない．証明の際，x は固定したまま動かさないので b と書き，証明が終ったとき b を x に戻す方がわかり良いであろう．まず関数 $g(t)$ を

(10.7) $\qquad g(t) = f(t) - \sum_{k=0}^{n} \dfrac{f^{(k)}(a)}{k!}(t-a)^k - K(t-a)^{n+1}$

によって定義する．ここで定数 K は $g(b) = 0$ となるように定める．（上の式で $t = b$ とし，左辺 $g(b)$ を 0 とすれば容易に K をきめることができ

る.）この $g(t)$ に対して次の式が成り立つことをまず示す：
 (ⅰ) $\quad g(a) = g(b) = 0,$
 (ⅱ) $\quad g'(a) = g''(a) = \cdots = g^{(n)}(a) = 0.$

証明 (10.7) の右辺の項は第 1 項の $f(t)$ と第 2 項の $f^{(0)}(a)(t-a)^0 (= f(a))$ 以外は $(t-a)$ を含むから $t=a$ とすれば 0 になる．さらに $t=a$ では第 1 項 $f(t)$ と第 2 項 $f(a)$ が消し合うから $g(a) = 0$ となる．K は $g(b) = 0$ となるようにきめたのだから当然 $g(b) = 0$.

(10.7) の右辺の第 4 項以下は少なくとも $(t-a)^2$ を含むから，1 回微分したものも $(t-a)$ を含み，$t=a$ とすると 0 になる．最初の 3 項
$$f(t) - f(a) - f'(a)(t-a)$$
を微分したものは $f'(t) - f'(a)$ になるから，$t = a$ とすれば 0 になる．したがって $g'(a) = 0$.

同様に第 5 項以下の項は少なくとも $(t-a)^3$ を因子として含むから，2 回微分したものも $(t-a)$ を含み，$t=a$ とすれば 0 になる．そして最初の 4 項
$$f(t) - f(a) - f'(a)(t-a) - \frac{f''(a)}{2!}(t-a)^2$$
を 2 回微分したものは $f''(t) - f''(a)$ となるから，$t=a$ とすればやはり 0 になる．したがって $g''(a) = 0$. 以下同様にして $g'''(a) = \cdots = g^{(n)}(a) = 0$. ◇

次に $a < b$ として（$b < a$ の場合も同様）ロルの定理を $g(t)$ に適用すれば，適当な c_1（$a < c_1 < b$）で $g'(c_1) = 0$ となる．$g'(a) = g'(c_1) = 0$ だから，ロルの定理を $g'(t)$ に適用すれば，適当な c_2（$a < c_2 < c_1$）で $g''(c_2) = 0$. 今度は $g''(a) = g''(c_2) = 0$ だから $g''(t)$ にロルの定理を適用すれば適当な c_3（$a < c_3 < c_2$）で $g'''(c_3) = 0$. 以下同様にして
$$a < c_{n+1} < c_n < \cdots < c_2 < c_1 < b,$$
$$g'(c_1) = g''(c_2) = \cdots = g^{(n)}(c_n) = g^{(n+1)}(c_{n+1}) = 0$$
を得る．

一方，$g(t)$ の定義 (10.7) から $g^{(n+1)}(t) = f^{(n+1)}(t) - (n+1)! K$ となる

から，$t = c_{n+1}$ とおいて $g^{(n+1)}(c_{n+1}) = 0$ を使えば
$$K = \frac{f^{(n+1)}(c_{n+1})}{(n+1)!}$$
を得る．これを (10.7) の K に代入し，$t = b$ とおいて $g(b) = 0$ を使えば

(10.8) $\quad f(b) = \sum_{k=0}^{n} \frac{f^{(k)}(a)}{k!}(b-a)^k + \frac{f^{(n+1)}(c_{n+1})}{(n+1)!}(b-a)^{n+1}$

を得る．

ここで b の代りに x；c_{n+1} の代りに ξ とすれば (10.6) を得る．$a < c_{n+1} < b$ だったから $a < \xi < x$ である．(10.6) の最後の項を**剰余項**（remainder term）とよぶ．

テイラー展開

もし $f(x)$ が何回でも微分可能ならば (10.6) は任意の n に対し成り立つ．もし何らかの理由で剰余項

(10.9) $\quad R_{n+1} = \frac{f^{(n+1)}(\xi)}{(n+1)!}(x-a)^{n+1}$

が $n \to \infty$ のとき 0 に近付くならば，(10.6) で $n \to \infty$ とすることにより

(10.10) $\quad f(x) = \sum_{k=0}^{\infty} \frac{f^{(k)}(a)}{k!}(x-a)^k$

を得る．一般に，剰余項がどうなるかとは無関係に，(10.10) の右辺を $f(x)$ の $x = a$ における**テイラー展開**（Taylor expansion）とか**テイラー級数**（Taylor series）とよぶ．$f(x)$ が無限回微分可能でも そのテイラー展開が $f(x)$ と一致するとは限らない．例えば，

(10.11) $\quad f(x) = \begin{cases} e^{-\frac{1}{x^2}} & (x \neq 0), \\ 0 & (x = 0) \end{cases}$

に対しては (9.7) で示したように $f^{(n)}(0) = 0$ ($n = 0, 1, 2, 3, \cdots$) だから，$f(x)$ の $x = 0$ におけるテイラー展開は恒等的に 0 である．この場合には剰余項は $R_{n+1} \to 0$ とならないのである．そこで次の定理を証明する．

10. テイラー展開

定理 1 十分大きい実数 M をとれば，$|x-a| < R$ で $|f^{(n)}(x)| \leq M$ ($n = 0, 1, 2, \cdots$) となると仮定する．そうすれば $n \to \infty$ のとき，$|x-a| < R$ において剰余項は $R_{n+1} \to 0$ となる．したがって，$|x-a| < R$ で $f(x)$ のテイラー展開は収束して $f(x)$ に一致する．

証明 (大切なのは すべての $|f^{(n)}(x)|$ に共通の上界 M がとれるという点である．$f^{(n)}(x)$ は連続だから，$|x-a| < R$ より少し小さい区間でなら各 $|f^{(n)}(x)|$ は常に有界なのである．) まず，$|f^{(n)}(x)| \leq M$ と $|x-a| < R$ から

$$|R_{n+1}| = \frac{|f^{(n+1)}(\xi)|}{(n+1)!}|x-a|^{n+1} < \frac{MR^{n+1}}{(n+1)!}.$$

$2R \leq m$ となる自然数 m をとる．$A = \dfrac{R^m}{m!}$ とおくと，$n \geq m$ なら

$$\frac{R^{n+1}}{(n+1)!} = \frac{R^m}{m!}\frac{R}{m+1}\cdots\frac{R}{n+1} \leq A\frac{1}{2}\cdots\frac{1}{2} = A\left(\frac{1}{2}\right)^{n-m+1}.$$

したがって $|R_{n+1}| < AM\left(\dfrac{1}{2}\right)^{n-m+1}$．明らかに，$n \to \infty$ のとき $R_{n+1} \to 0$ である． ◇

これをいくつかの重要な例に応用する．

(1) $f(x) = e^x$, $a = 0$ の場合を考える．

$f^{(n)}(x) = e^x$ だから $f^{(n)}(0) = 1$．$|x-a| = |x| < R$ において $|f^{(n)}(x)| \leq e^R$ だから，$n \to \infty$ のとき $R_{n+1} \to 0$．したがって，

(10.12) $$e^x = 1 + x + \frac{1}{2!}x^2 + \frac{1}{3!}x^3 + \cdots + \frac{1}{n!}x^n + \cdots\cdots$$

が $|x| < R$ で成り立つが，R は任意の正数で良いから $|x| < \infty$ で成り立つ．

(2) $f(x) = \sin x$, $a = 0$, $R = \infty$ の場合を考える．

$$f'(x) = \cos x, \quad f''(x) = -\sin x, \quad f'''(x) = -\cos x,$$
$$f^{(4)}(x) = \sin x, \quad f^{(5)}(x) = \cos x, \quad \cdots\cdots$$

だから $|f^{(n)}(x)| \leq 1$．また，

$$f(0) = 0, \quad f'(0) = 1, \quad f''(0) = 0, \quad f'''(0) = -1, \quad f^{(4)}(0) = 0,$$

$$f^{(5)}(0) = 1, \quad \cdots\cdots$$

したがって，$|x| < \infty$ で次が成り立つ：

(10.13) $\qquad \sin x = x - \dfrac{1}{3!}x^3 + \dfrac{1}{5!}x^5 - \dfrac{1}{7!}x^7 + \dfrac{1}{9!}x^9 - \cdots\cdots$.

全く同様にして，$|x| < \infty$ で次が成り立つ：

(10.14) $\qquad \cos x = 1 - \dfrac{1}{2!}x^2 + \dfrac{1}{4!}x^4 - \dfrac{1}{6!}x^6 + \dfrac{1}{8!}x^8 - \cdots\cdots$.

しかし $\tan x$ に対しては，最初の何回かの微分は計算できるが，第 n 階微分の一般公式を書くのは難しい．

（**3**）双曲線関数 $\sinh x$ と $\cosh x$ の場合を考える．

この場合には同じような計算を繰り返さなくても e^x のテイラー展開 (10.12) を使えばよい．(10.12) において x を $-x$ で置き換えれば，x の奇数べきの項の符号が変るから，

(10.15) $\qquad \sinh x = \dfrac{1}{2}(e^x - e^{-x}) = x + \dfrac{x^3}{3!} + \dfrac{x^5}{5!} + \dfrac{x^7}{7!} + \cdots\cdots$,

(10.16) $\qquad \cosh x = \dfrac{1}{2}(e^x + e^{-x}) = 1 + \dfrac{x^2}{2!} + \dfrac{x^4}{4!} + \dfrac{x^6}{6!} + \cdots\cdots$

が $|x| < \infty$ で成り立つ．テイラー展開すると，$\sin x$ と $\sinh x$；$\cos x$ と $\cosh x$ は形が非常に似ていることがわかる．

定理 1 における仮定 $|f^{(n)}(x)| \leq M$ は強いが，その代り定理はどのように大きい R に対しても（たとえ $R = \infty$ でも）成り立つ．定義域を $|x-a| < R \leq 1$ に限れば $f^{(n)}(x)$ に対する仮定を少し弱くしても定理は成り立つ．例えば，

「区間 $|x-a| < R \leq 1$ において すべての n に対し $\left|\dfrac{f^{(n)}(x)}{n!}\right| < M$

となる定数 M が存在するなら，$n \to \infty$ のとき $R_{n+1} \to 0$ である．」

これは不等式

$$|R_{n+1}| = \left|\dfrac{f^{(n+1)}(\xi)}{(n+1)!}\right| |x-a|^{n+1} \leq M|x-a|^{n+1}$$

と $|x-a|<1$ から明らかである．しかし，これはそれほど有用でない．例を次に示す．

（**4**）$\log(1+x)$（$|x|<1$）の $x=0$ におけるテイラー展開を考える．$f(x) = \log(1+x)$ と書くと

$$f'(x) = \frac{1}{1+x}, \quad f''(x) = \frac{-1}{(1+x)^2}, \quad f'''(x) = \frac{2!}{(1+x)^3}, \quad \cdots,$$
$$f^{(k)}(x) = \frac{(-1)^{k-1}(k-1)!}{(1+x)^k}.$$

したがって

$$f(0) = 0, \quad f'(0) = 1, \quad f''(0) = -1, \quad f'''(0) = 2!, \quad \cdots,$$
$$f^{(k)}(0) = (-1)^{k-1}(k-1)!$$

だから

(10.17) $$\log(1+x) = x - \frac{x^2}{2} + \frac{x^3}{3} - \cdots + \frac{(-1)^{n-1}}{n}x^n$$
$$+ \frac{(-1)^n}{(n+1)(1+\xi)^{n+1}}x^{n+1}.$$

ここで $0<\xi<x<1$ か $-1<x<\xi<0$ である．$n\to\infty$ のとき，

$$R_{n+1} = \frac{(-1)^n}{(n+1)(1+\xi)^{n+1}}x^{n+1} \to 0$$

となるのは $\left|\dfrac{x}{1+\xi}\right| \leq 1$ のときである．$0<\xi<x<1$ の場合には $\left|\dfrac{x}{1+\xi}\right|<1$ となるが，$-1<x<\xi<0$ の場合には $|x|=-x$，$1+\xi>0$ だから，条件 $\left|\dfrac{x}{1+\xi}\right|<1$ は $-x<1+\xi$ と同じことである．例えば，$x<\xi<-\dfrac{1}{2}$ のときは駄目である．(10.6)の弱点は ξ の位置について a と x の間という以上のことはわからないことである．第4章の **5** 節で与えるような積分を使った剰余項 R_{n+1} の表現の方が便利なことが多い．

一般のテイラー展開の公式 (10.10) はニュートンの数学の称賛者である Taylor (1685-1731) の著書 Methodus Incrementorium（増分法），(1715年) に発表された．しかし，級数の収束性には触れておらず証明もはっきりしていない．

　実は，スコットランドの Gregory (1638-1675) はテイラーの著書より半世紀も前(1667年)に発刊された著書の中で $\sin x$, $\cos x$, $\sin^{-1} x$, $\cos^{-1} x$ の級数展開を与えている．また，1671年には $\tan^{-1} x$ の級数展開も書いているので，彼は一般のテイラー展開の公式に事実上到達していたのではないかと考えられている．

　スイスの Bernouilli 兄弟の一人 Johann Bernouilli は1694年に部分積分を使ってテイラー級数と本質的に同じものを発表していて，テイラーの本がでたとき盗作だと非難した．

　剰余項付きのテイラーの定理は1世紀も後 (1797年) に Lagrange (1736-1813) が著書 Théorie des Fonctions Analytiques（解析関数論）の中で平均値の定理を使って証明した．ラグランジュはイタリアのトリノでフランス系の家に生まれた．17歳のとき数学に興味を覚え，独学で1年間勉強した後には一人前の数学者になり，砲兵学校で数学を教えるようになった．19歳のときに等周問題についてオイラーに宛てた手紙でオイラーに認められた．ラグランジュはオイラーと共に変分法の創始者といえる．1759年の23歳のとき，雑誌 Miscellanea Taurinesia（トリノ雑記録）を創設し，1792年に終刊号第5巻がでるまで彼の仕事はほとんどこの雑誌に発表された．1766年にオイラーがベルリン科学アカデミーの数学部長の職を辞して25年振りにペテルスブルクに戻ったとき，オイラーとダランベールの助言を入れてフリードリッヒ大帝はラグランジュをオイラーの後任に迎えた．しかし，1786年に大帝が死去，翌1787年に51歳のラグランジュはパリ科学アカデミーに迎えられた．2年後にフランス革命が起きたが，ラグランジュは革命政府にも，また1804年に即位した皇

帝ナポレオンにも優遇され，1813 年に 77 歳の生涯を閉じた[1]．ラグランジュはオイラーの時代とガウスの時代を結ぶ偉大な数学者であった．

　第 4 章の **5** 節で証明する剰余項が積分で与えられるテイラーの定理は，コーシーが Leçons sur le Calcul Différentiel（微分講義），(1829 年)の中で証明している．習慣に従ってテイラーの定理とよんでいるが，ラグランジュとコーシーの定理なのである．

　Maclaurin (1698 – 1746)（マックローリン）の名を冠する級数は 1742 年に刊行された彼の著書 Treatise of Fluxion（流率論）に現われたが，これはテイラーの本がでてから 27 年も後のことで，しかもマックローリン級数は原点 0 で展開されたテイラー級数に過ぎないのである．マックローリンもその級数の収束については考えなかったが，その他のことではテイラーよりずっときちんとした証明を与えた．マックローリンのこの本には新しい結果もあって，**8** 節で説明した微分による極大・極小の判定法や，第 4 章 **6** 節最後に説明する積分を使う級数の収束判定法なども載っている．

---

[1] 小堀 憲：「数学の歴史 V，18 世紀の数学」(共立出版)はラグランジュの略歴と業績について特に詳しい．

第4章 積　　分

　　微分の逆の操作として不定積分（原始関数）を考える．関数の関数（合成関数）を微分するときに使った連鎖律の逆として，置換積分の方法を得る．また，関数の積の微分の公式の逆として，部分積分の方法を得る．不定積分の計算はほとんどの場合，初等関数の積分公式に 置換積分と部分積分の二方法を組み合わせて行われる．微積分の中で一番古い面積の計算にほかならない定積分と不定積分を結び付けるのが「微積分学の基本定理」である．積分を級数のいろいろな問題に応用する．特に，テイラー展開の剰余項の良い評価を得ることができる．

1. 原始関数（不定積分）

前章では関数 $f(x)$ の微分 $f'(x)$ を定義し，多項式や初等関数など基本的な関数の微分を計算した．逆に，ある関数の微分が与えられたとき，その関数を求めるという問題を考える．

原始関数の定義と基本例

関数 $f(x)$ に対し $F'(x) = f(x)$ となるような関数 $F(x)$ を $f(x)$ の**原始関数**（primitive function，または anti-derivative）とか**不定積分**（indefinite integral）とよぶ．もし $G(x)$ が $f(x)$ のもう 1 つの原始関数ならば $G'(x) - F'(x) = 0$．第 3 章 **9** 節（定理 2 の系）で証明したように，微分が 0 であるような関数は定数（定値関数）であるから

$$G(x) - F(x) = C \qquad (ここで C は定数).$$

すなわち，$F(x)$ が $f(x)$ の 1 つの原始関数ならば，$f(x)$ の原始関数はすべて

$$(1.1) \qquad F(x) + C \qquad (C は定数)$$

の形をしている．$f(x)$ の原始関数 $F(x)$ を通常 $\int f(x)\,dx$ と書く．定義により

$$(1.2) \qquad \frac{d}{dx} \int f(x)\,dx = f(x)$$

である．なぜ $\int \cdot \, dx$ という記号を使うのかは定積分のところで説明する．

与えられた関数 $f(x)$ の原始関数が存在するかという問題は後まわしにして，ここでは基本的な関数の原始関数を以下に列挙する．これらは第 3 章で証明した微分の公式を逆にしたものにすぎない．右辺の関数の微分が左辺の関数である．正確にいえば右辺に $+C$ を加えるべきだが定数の差は無視する．

1. 原始関数(不定積分)

(1.3) $\quad \int x^n\, dx = \dfrac{1}{n+1} x^{n+1} \qquad (n \neq -1)$

$\qquad\qquad\qquad\qquad (\,n\text{ が整数でないときは }x>0\,)$

(1.4) $\quad \int \dfrac{dx}{x} = \log |x|$

(1.5) $\quad \int e^x\, dx = e^x$

(1.6) $\quad \int \sin x\, dx = -\cos x$

(1.7) $\quad \int \cos x\, dx = \sin x$

(1.8) $\quad \int \dfrac{dx}{\cos^2 x} = \tan x$

(1.9) $\quad \int \dfrac{dx}{\sin^2 x} = -\cot x$

(1.10) $\quad \int \dfrac{dx}{\sqrt{1-x^2}} = \begin{cases} \sin^{-1} x, \\ -\cos^{-1} x \end{cases}$

(1.11) $\quad \int \dfrac{dx}{1+x^2} = \begin{cases} \tan^{-1} x, \\ -\cot^{-1} x \end{cases}$

(1.12) $\quad \int \dfrac{dx}{x\sqrt{x^2-1}} = \begin{cases} \sec^{-1}|x| = \cos^{-1}\left|\dfrac{1}{x}\right|, \\ -\csc^{-1}|x| = -\sin^{-1}\left|\dfrac{1}{x}\right| \end{cases}$

上の(1.4)について注意をしておく．$\log x$ は $x>0$ で定義されている．第3章 **5** 節で証明したのは $x>0$ で $\dfrac{d}{dx}\log x = \dfrac{1}{x}$ となることであった．しかし $1/x$ は $x<0$ でも定義されている．$x<0$ のとき $|x| = -x > 0$ だから $\log(-x)$ は定義されることになり，連鎖律(第3章の(3.9)式)を $u=-x$, $\log u$ に適用すれば

$$\dfrac{d}{dx}(\log|x|) = \dfrac{d}{dx}(\log(-x)) = \dfrac{-1}{-x} = \dfrac{1}{x}$$

となり，$\log|x|$ は $x<0$ でも $x>0$ でも $\dfrac{1}{x}$ の原始関数になっていることがわかる（図 1.1）．

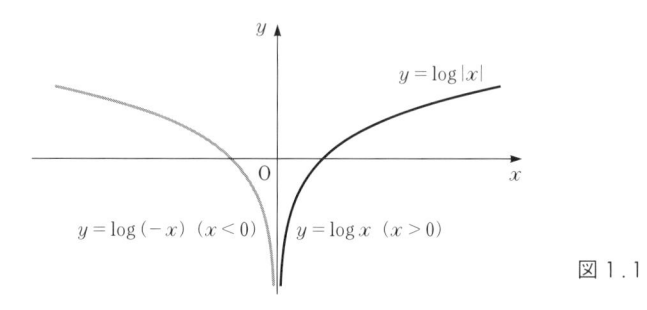

図 1.1

$\log x^2$ は $x>0$ では $2\log x$ に等しく，$x<0$ では $2\log(-x)$ に等しいから，どちらの場合にも $2\log|x|$ に等しいから次のようにも表わせる：

(1.13) $\quad \displaystyle\int \dfrac{dx}{x} = \dfrac{1}{2}\log x^2 .$

これらの公式を覚えていて，微分の種々の性質と組合せて もっと複雑な関数の原始関数を求めるのだが，たくさんの演習問題で慣れる必要がある．以下そのテクニックを説明する．F, G を微分可能関数，a を定数とする．

$$\dfrac{d}{dx}(F(x)+G(x)) = \dfrac{dF(x)}{dx} + \dfrac{dG(x)}{dx} \quad \text{と} \quad \dfrac{d}{dx}(aF(x)) = a\dfrac{dF(x)}{dx}$$

から直ちに

(1.14) $\quad \displaystyle\int (f(x)+g(x))\,dx = \int f(x)\,dx + \int g(x)\,dx ,$

(1.15) $\quad \displaystyle\int af(x)\,dx = a\int f(x)\,dx$

を得る（両辺を微分してみればよい）．これから多項式の原始関数の公式

$$\int (a_0 x^n + a_1 x^{n-1} + \cdots + a_n)\,dx = \dfrac{a_0 x^{n+1}}{n+1} + \dfrac{a_1 x^n}{n} + \cdots + a_n x$$

を得る．

置換積分

最初に書き並べた基本的な積分公式を応用する際，まず必要になるのが次の**置換積分**(integration by substitution)の公式である．これは合成関数に対する連鎖律と実質的に同じである．$x = x(u)$ を u の関数とするとき，

$$(1.16) \qquad \int f(x)\, dx = \int f(x(u)) \frac{dx}{du}\, du$$

が成り立つ．これを証明するには両辺の u に関する微分が等しいことを示せば，両辺の差が定数にすぎないことになり，原始関数は定数の差を無視してよいから公式が証明されたことになる．左辺を連鎖律を使って微分して (1.2) を使えば

$$\frac{d}{du}\left(\int f(x)\, dx\right) = \left(\frac{d}{dx}\int f(x)\, dx\right) \frac{dx}{du}$$

$$= f(x) \frac{dx}{du}$$

を得るから，これは右辺を u について微分したものに一致する．

(1.16) を見ると，dx を形式的に $\frac{dx}{du} du$ で置き換えてよいことがわかる．このように計算を機械的にすることを可能にする記号は良い記号である．

[**1**] さて，(1.16) の左側を求めるために右側を使う場合もあるが，逆に右側を求めるために左側を使うことの方が多い．まず例として

$$\int \frac{dx}{\sqrt{1-x^2}}$$

を考えてみる．これは記憶しておくべき公式 (1.10) であるが，次のようにして求めることもできる．

$$x = \sin t \qquad \left(-\frac{\pi}{2} \leq t \leq \frac{\pi}{2}\right)$$

とおけば $\frac{dx}{dt} = \cos t$．(1.16) を使って

(1.17) $$\int \frac{dx}{\sqrt{1-x^2}} = \int \frac{1}{\sqrt{1-\sin^2 t}} \cos t \, dt$$
$$= \int \frac{1}{\cos t} \cos t \, dt = \int dt = t$$
$$= \sin^{-1} x.$$

全く同様に,
$$\int \frac{dx}{\sqrt{1+x^2}}$$
に対しては,
$$x = \sinh t$$
とおけば $\dfrac{dx}{dt} = \cosh t$ だから,

(1.18) $$\int \frac{dx}{\sqrt{1+x^2}} = \int \frac{\cosh t}{\sqrt{1+\sinh^2 t}} \, dt$$
$$= \int \frac{\cosh t}{\cosh t} \, dt = \int dt = t$$
$$= \sinh^{-1} x.$$

第 2 章の (6.13) を使えば,これは

(1.19) $$\int \frac{dx}{\sqrt{1+x^2}} = \log(x + \sqrt{1+x^2})$$

と書き直せる.積分の表には通常 (1.19) の方がでている.しかし,(6.13) を既に知っていなければ (1.19) を直接に導くのは容易でない.$x = \sinh t$ と較べて $u = x + \sqrt{x^2+1}$ という置換はあまり自然ではないからである.

また
$$\int (x-a)^n \, dx \qquad (n \neq -1)$$
のような場合,
$$u = x - a$$
とおけば $\dfrac{du}{dx} = 1$ だから

1. 原始関数(不定積分)

(1.20) $$\int (x-a)^n\, dx = \int u^n\, du = \frac{1}{n+1} u^{n+1}$$
$$= \frac{1}{n+1}(x-a)^{n+1}.$$

これは (1.16) の右辺を左辺に帰して求めた例である．(ただし x と u の役割は入れ代っている.)

[2] (1.16) の特別な場合であるが，$\int \dfrac{u'(x)}{u(x)}\, dx$ の形の積分はよくでてくる．連鎖律(第3章の (3.9))により($u(x) > 0$ として)

(1.21) $$\frac{d}{dx} \log u(x) = \frac{u'(x)}{u(x)}$$

($u(x) < 0$ のときは $\log(-u(x))$ を考えればよい.) よって $u(x) \ne 0$ となるところで

(1.22) $$\int \frac{u'(x)}{u(x)}\, dx = \log |u(x)|.$$

例えば，$u = x - a$ とすると $u' = 1$ だから

(1.23) $$\int \frac{1}{x-a}\, dx = \log |x-a| \qquad (x \ne a).$$

また，
$$\int \tan x\, dx$$

のようなのも $\tan x = \dfrac{\sin x}{\cos x} = \dfrac{-(\cos x)'}{\cos x}$ であるから，分母の微分が符号を除けば分子になっている．すなわち (1.21) の形になっているところに目をつければ次の式が得られる：

(1.24) $$\int \tan x\, dx = -\log |\cos x|.$$

この式は $\cos x \ne 0$ となるところ，すなわち $x = \pm \dfrac{\pi}{2} + 2k\pi$ (k：整数) 以外のところで通用する．

2. 部分積分

積分の一般的方法としては前節で説明した置換積分の方法のほかに もう一つ**部分積分**(integration by parts)という方法がある．これは 2 つの微分可能な関数 $u(x), v(x)$ の積の微分の公式

(2.1) $$\frac{d}{dx}(uv) = u'v + uv'$$

を積分して得られる．$\int \frac{d}{dx}(uv)\,dx$ は定義によって $\frac{d}{dx}(uv)$ の原始関数，すなわち微分したときに $\frac{d}{dx}(uv)$ になるような関数だから uv である．（一般には $uv + C$ だが，C は無視することにしている．）したがって，(2.1) の両辺の原始関数を考えれば（すなわち両辺の不定積分は）

$$uv = \int u'v\,dx + \int uv'\,dx$$

となる．しかし，これらを使うときは

(2.2) $$\int uv'\,dx = uv - \int u'v\,dx$$

の形で使う．（もちろん $\int u'v\,dx = uv - \int uv'\,dx$ でも u と v が入れ代っただけで同じことである．）(2.2) の使い方を以下に実例で説明する．

[**1**] $\int \log x\,dx$

を考える．被積分関数 $\log x$ を $(\log x) \cdot 1$ と考え，$u = \log x$，$v' = 1$ とおいて (2.2) を使う．$v' = 1$ だから $v = x$ とすればよい．$u' = \frac{1}{x}$ だから (2.2) により

(2.3) $$\int \log x\,dx = (\log x)x - \int \frac{1}{x} \cdot x\,dx$$
$$= x\log x - x.$$

2. 部分積分

[2] $$\int x^n e^x \, dx \qquad (n \text{ は正の整数})$$

のようなときには，$u = x^n$, $v' = e^x$ とすれば $u' = nx^{n-1}$, $v = e^x$ だから，(2.2) により

$$\int x^n e^x \, dx = x^n e^x - n \int x^{n-1} e^x \, dx$$

となる．これで $x^n e^x$ を積分する問題は $x^{n-1} e^x$ を積分する問題に帰着する．以下同じように続ければ

(2.4) $$\int x^n e^x \, dx = \{ x^n - nx^{n-1} + n(n-1)x^{n-2} - \cdots \\ + (-1)^{n-1} n(n-1) \cdots 2x + (-1)^n n! \} e^x.$$

[3]　1)　次の積分も部分積分を使うが，ひと工夫を要する．

$$J_n = \int \sin^n x \, dx \qquad (n \text{ は正の整数})$$

の場合は $u = \sin^{n-1} x$, $v' = \sin x$ とおくと $u' = (n-1)\sin^{n-2} x \cos x$, $v = -\cos x$ だから

$$J_n = -\sin^{n-1} x \cos x + \int (n-1)\sin^{n-2} x \cos^2 x \, dx$$
$$= -\sin^{n-1} x \cos x + (n-1) \int \sin^{n-2} x (1 - \sin^2 x) \, dx$$
$$= -\sin^{n-1} x \cos x + (n-1) \int \sin^{n-2} x \, dx - (n-1) J_n.$$

右辺の $-(n-1)J_n$ を左辺に移して両辺を n で割って漸化式

(2.5) $$\int \sin^n x \, dx = -\frac{1}{n} \sin^{n-1} x \cos x + \frac{n-1}{n} \int \sin^{n-2} x \, dx$$

を得る．$\sin x$ の n 乗の積分が $n-2$ 乗の積分に帰した．これを繰り返せば最後の積分は，

　n が奇数なら $\int \sin x \, dx = -\cos x$ ； n が偶数なら $\int dx = x$

に帰してしまう．

2) 同様に，n を正の整数として

(2.6) $\quad \displaystyle\int \cos^n x \, dx = \frac{1}{n} \cos^{n-1} x \sin x + \frac{n-1}{n} \int \cos^{n-2} x \, dx.$

3) 次の積分 $J_n = \displaystyle\int \tan^n x \, dx$（$n$ は正の整数）の場合の漸化式の証明は上の場合より少々難しい．$\tan^2 x = \dfrac{1}{\cos^2 x} - 1 = \sec^2 x - 1$ を使って

$$J_n = \int \tan^{n-2} x \tan^2 x \, dx$$
$$= \int \tan^{n-2} x \sec^2 x \, dx - \int \tan^{n-2} x \, dx$$
$$= \int \tan^{n-2} x \sec^2 x \, dx - J_{n-2}.$$

そこで $u = \tan^{n-2} x$, $v' = \sec^2 x$ とおけば $u' = (n-2)\tan^{n-3} x \sec^2 x$, $v = \tan x$ だから，(2.2) を使って

$$J_n = \tan^{n-1} x - (n-2) \int \tan^{n-2} x \sec^2 x \, dx - J_{n-2}$$
$$= \tan^{n-1} x - (n-2) \int \tan^{n-2} x (1 + \tan^2 x) \, dx - J_{n-2}$$
$$= \tan^{n-1} x - (n-2) J_{n-2} - (n-2) J_n - J_{n-2}.$$

したがって
$$(n-1) J_n = \tan^{n-1} x - (n-1) J_{n-2},$$
すなわち漸化式

(2.7) $\quad \displaystyle\int \tan^n x \, dx = \frac{1}{n-1} \tan^{n-1} x - \int \tan^{n-2} x \, dx$

が成り立つ．この漸化式で次数を 2 ずつ下げていくと最後の積分は次のどちらかになる：

(2.8) $\quad \begin{cases} \displaystyle\int \tan x \, dx = \int \frac{\sin x}{\cos x} \, dx = -\log|\cos x|, \\ \displaystyle\int \tan^2 x \, dx = \int (\sec^2 x - 1) \, dx = \tan x - x. \end{cases}$

4) 次の 2 つの積分は部分積分を用いて同時に求める.

(2.9) $$\int e^{ax} \sin bx \, dx = \frac{e^{ax}(a \sin bx - b \cos bx)}{a^2 + b^2},$$

(2.10) $$\int e^{ax} \cos bx \, dx = \frac{e^{ax}(b \sin bx + a \cos bx)}{a^2 + b^2}.$$

(2.9) の左辺を I, (2.10) の左辺を J と書く. $u = e^{ax}$, $v' = \sin bx$ とすると $u' = ae^{ax}$, $v = -\frac{1}{b}\cos bx$ だから, (2.2) により

$$I = -\frac{1}{b}e^{ax}\cos bx + \int \frac{a}{b}e^{ax}\cos bx \, dx$$

$$= -\frac{1}{b}e^{ax}\cos bx + \frac{a}{b}J.$$

次に, $u = e^{ax}$, $v' = \cos bx$ とすると $u' = ae^{ax}$, $v = \frac{1}{b}\sin bx$ だから, (2.2) により

$$J = \frac{1}{b}e^{ax}\sin bx - \int \frac{a}{b}e^{ax}\sin bx \, dx$$

$$= \frac{1}{b}e^{ax}\sin bx - \frac{a}{b}I.$$

この 2 つの式を I と J に関する連立方程式

$$\begin{cases} bI - aJ = -e^{ax}\cos bx, \\ aI + bJ = e^{ax}\sin bx \end{cases}$$

と考えて解けばよい.

3. 有理関数の積分

実係数の多項式 $f(x)$ と $g(x)$ の商として表わされる有理関数 $\frac{g(x)}{f(x)}$ を考える. $f(x)$ と $g(x)$ は約せるだけ約して, もう共通の因数はないとする. $g(x)$ の次数が $f(x)$ の次数より小さくなければ, $g(x)$ を $f(x)$ で割った商

を $q(x)$, 余りを $h(x)$ として

(3.1) $$\frac{g(x)}{f(x)} = q(x) + \frac{h(x)}{f(x)}$$

と書く．$h(x)$ は $f(x)$ より低次の多項式である．$f(x)$ は常に次のように因数分解される（第 2 章 (8.2) 参照）：

$$f(x) = c(x-a_1)^{k_1}\cdots(x-a_m)^{k_m}(x^2+b_1x+c_1)^{l_1}\cdots(x^2+b_nx+c_n)^{l_n}.$$

ここで c, a_i, b_j, c_j は実数で $a_1,\cdots,a_m$ は相異なり，$x^2+b_1x+c_1,\cdots,x^2+b_nx+c_n$ も相異なる 2 次式で根は実数でない（$k_i, l_j \geq 1$ にも注意）．

さて，積分

$$\int \frac{g(x)}{f(x)}\,dx = \int q(x)\,dx + \int \frac{h(x)}{f(x)}\,dx$$

において多項式の積分 $\int q(x)\,dx$ は既に **1** 節で説明したので $\int \frac{h(x)}{f(x)}\,dx$ の求め方だけここで説明すればよい．

$\frac{h(x)}{f(x)}$ を第 2 章の (9.9) の形に書けば，計算は次の 2 つの積分に帰する：

$$\int \frac{dx}{(x-a)^k}, \qquad \int \frac{Bx+C}{(x^2+bx+c)^k}\,dx.$$

ただし，2 次式 x^2+bx+c は実数の根をもたないとする．すなわち，常に $x^2+bx+c > 0$ とする．

1 番目の積分は **1** 節で説明したように

(3.2) $$\int \frac{dx}{(x-a)^k} = \frac{1}{(1-k)(x-a)^{k-1}} \qquad (k \neq 1),$$

(3.3) $$\int \frac{dx}{x-a} = \log|x-a|$$

で与えられる．

2 番目の積分は $\frac{d}{dx}(x^2+bx+c) = 2x+b$ に注目して

$$Bx + C = \frac{B}{2}(2x+b) + C - \frac{Bb}{2}.$$

3. 有理関数の積分

したがって

$$\frac{Bx+C}{(x^2+bx+c)^k} = \frac{B}{2}\frac{2x+b}{(x^2+bx+c)^k} + \left(C - \frac{Bb}{2}\right)\frac{1}{(x^2+bx+c)^k}$$

と書き直せる．置換積分により ($x^2 + bx + c > 0$ に注意して)

(3.4) $$\int \frac{2x+b}{(x^2+bx+c)^k}\,dx = \frac{1}{(1-k)(x^2+bx+c)^{k-1}}$$

$$(k \neq 1),$$

(3.5) $$\int \frac{2x+b}{x^2+bx+c}\,dx = \log(x^2+bx+c)$$

だから，$\dfrac{1}{(x^2+bx+c)^k}$ の積分を求める問題だけが残る．

$$x^2 + bx + c = \left(x + \frac{b}{2}\right)^2 + \frac{4c-b^2}{4}$$

だが，$x^2 + bx + c$ は実根をもたないと仮定しているから $\dfrac{4c-b^2}{4} > 0$ である．よって $a = \dfrac{\sqrt{4c-b^2}}{2}$ とおけば

$$x^2 + bx + c = \left(x + \frac{b}{2}\right)^2 + a^2.$$

そこで変数置換

(3.6) $$u = \frac{1}{a}\left(x + \frac{b}{2}\right)$$

を行えば $\dfrac{du}{dx} = \dfrac{1}{a}$，すなわち $\dfrac{dx}{du} = a$ だから

(3.7) $$\int \frac{dx}{\left\{\left(x+\dfrac{b}{2}\right)^2 + a^2\right\}^k} = \int \frac{a\,du}{\{a^2(u^2+1)\}^k}$$

$$= \frac{1}{a^{2k-1}}\int \frac{du}{(u^2+1)^k}$$

となり，問題は

$$\int \frac{du}{(u^2+1)^k}$$

を求めることに帰着する．この積分は

$$u = \tan t$$

と置換すれば $\tan^2 t + 1 = \dfrac{\sin^2 t}{\cos^2 t} + 1 = \dfrac{1}{\cos^2 t}$，そして $\dfrac{du}{dt} = \dfrac{1}{\cos^2 t}$ だから

$$(3.8) \qquad \int \frac{du}{(u^2+1)^k} = \int \frac{\cos^{2k} t}{\cos^2 t}\,dt = \int \cos^{2(k-1)} t\,dt$$

となる．$k=1$ の場合 $\cos^{2(k-1)} t = 1$ だから，既に知っている公式

$$(3.9) \qquad \int \frac{du}{u^2+1} = \int dt = t = \tan^{-1} u$$

を得るが，$k > 1$ の場合には 漸化式 (2.6) を使えば

$$(3.10) \qquad \int \cos^{2k-2} t\,dt$$

$$= \frac{1}{2k-2}\cos^{2k-3} t \sin t + \frac{(2k-3)}{(2k-2)(2k-4)}\cos^{2k-5} t \sin t$$

$$+ \frac{(2k-3)(2k-5)}{(2k-2)(2k-4)(2k-6)}\cos^{2k-7} t \sin t + \cdots$$

$$+ \frac{(2k-3)(2k-5)\cdots 3}{(2k-2)(2k-4)\cdots 2}\cos t \sin t$$

$$+ \frac{(2k-3)(2k-5)\cdots 3}{(2k-2)(2k-4)\cdots 2} t$$

を得る．これを u の関数として表わすには，$\cos t$ が奇数べきで現われることに注意して，$\cos^2 t = \dfrac{1}{\tan^2 t + 1} = \dfrac{1}{u^2+1}$ を使って

$$(3.11) \qquad \cos^{2l-1} t \sin t = \cos^{2l} t \tan t = \frac{u}{(u^2+1)^l}$$

と置き換えればよい．もちろん，(3.10) の最後の項の t は $\tan^{-1} u$ である．さらに，u を x の関数に直すには (3.6) を使えばよい．

このようにして有理関数の積分は，原理的には計算できることがわかった．

3. 有理関数の積分

例 (1) $\dfrac{4-2x}{(x^2+1)(x-1)^2}$ の積分を考えよう．この式の標準形は第 2 章の (9.10) 式で与えられているから

(3.12) $\displaystyle\int \dfrac{4-2x}{(x^2+1)(x-1)^2}\, dx$

$= \displaystyle\int \dfrac{dx}{(x-1)^2} - \int \dfrac{2\, dx}{x-1} + \int \dfrac{2x}{x^2+1}\, dx + \int \dfrac{dx}{x^2+1}$

$= -\dfrac{1}{x-1} - \log(x-1)^2 + \log(x^2+1) + \tan^{-1} x.$

(2) $\dfrac{1}{(x-1)^2(x^2+1)^2}$ の積分を考えよう．

$$\dfrac{1}{(x-1)^2(x^2+1)^2} = \dfrac{A}{(x-1)^2} + \dfrac{B}{x-1} + \dfrac{Cx+D}{(x^2+1)^2} + \dfrac{Ex+F}{x^2+1}$$

とおき，この式の両辺に $(x-1)^2(x^2+1)^2$ を掛けて A, B, C, D, E, F を定めよう．

$1 = A(x^2+1)^2 + B(x-1)(x^2+1)^2$
$\qquad + (Cx+D)(x-1)^2 + (Ex+F)(x-1)^2(x^2+1)$

で $x=1$ とおけば $A=\dfrac{1}{4}$；$x=i$ とおけば $C=\dfrac{1}{2}$，$D=0$ を得る．上の式の両辺を微分してから $x=1$ とおけば $B=-\dfrac{1}{2}$；$x=i$ とおけば $E=\dfrac{1}{2}$，$F=\dfrac{1}{4}$ を得る．すなわち，

$$\dfrac{1}{(x-1)^2(x^2+1)^2} = \dfrac{1}{4(x-1)^2} - \dfrac{1}{2(x-1)}$$
$$\qquad + \dfrac{x}{2(x^2+1)^2} + \dfrac{2x}{4(x^2+1)} + \dfrac{1}{4(x^2+1)}.$$

したがって，

(3.13) $\displaystyle\int \dfrac{dx}{(x-1)^2(x^2+1)^2}$

$= -\dfrac{1}{4(x-1)} - \dfrac{1}{2}\log|x-1| - \dfrac{1}{4(x^2+1)}$

$\qquad + \dfrac{1}{4}\log(x^2+1) + \dfrac{1}{4}\tan^{-1} x.$ ◇

三角関数 $\sin t$, $\cos t$ の有理関数の原始関数を見つける問題は置換

(3.14) $\qquad x = \tan\dfrac{t}{2}$

を行うことにより x の有理関数の原始関数を求める問題に還元できる．

$\cos t$ は

(3.15) $\qquad \cos t = 2\cos^2\dfrac{t}{2} - 1 = \dfrac{2}{1+\tan^2\dfrac{t}{2}} - 1 = \dfrac{2}{1+x^2} - 1$

$\qquad\qquad = \dfrac{1-x^2}{1+x^2}.$

また $\sin t$ は

(3.16) $\qquad \sin t = 2\sin\dfrac{t}{2}\cos\dfrac{t}{2} = 2\tan\dfrac{t}{2}\cos^2\dfrac{t}{2}$

$\qquad\qquad = 2\tan\dfrac{t}{2}\dfrac{1}{1+\tan^2\dfrac{t}{2}} = \dfrac{2x}{1+x^2}.$

そして $\dfrac{t}{2} = \tan^{-1} x$, すなわち $t = 2\tan^{-1} x$ を微分して

(3.17) $\qquad \dfrac{dt}{dx} = \dfrac{2}{1+x^2} \quad \left(\text{形式的に}, \ dt = \dfrac{2\,dx}{1+x^2}\right).$

これで三角関数の有理関数を原理的には x の有理関数の積分として書けることはわかるが，実際には次のような簡単な関数でも そう易しくはない．

$$\int \dfrac{dt}{\cos t} = \int \dfrac{1+x^2}{1-x^2}\dfrac{2\,dx}{1+x^2} = \int \dfrac{2\,dx}{(1-x)(1+x)}$$

$$= \int \left(\dfrac{1}{1-x} + \dfrac{1}{1+x}\right) dx$$

$$= -\log|1-x| + \log|1+x| = \log\left|\dfrac{1+x}{1-x}\right|$$

$$= \log\left|\dfrac{1+\tan\dfrac{t}{2}}{1-\tan\dfrac{t}{2}}\right|.$$

これはもう少し簡単な形に書ける．$1 = \tan\dfrac{\pi}{4}$ であるから

$$\frac{1+\tan\dfrac{t}{2}}{1-\tan\dfrac{t}{2}} = \frac{\tan\dfrac{\pi}{4}+\tan\dfrac{t}{2}}{1-\tan\dfrac{\pi}{4}\tan\dfrac{t}{2}} = \tan\left(\frac{t}{2}+\frac{\pi}{4}\right).$$

したがって

(3.18) $$\int\frac{dt}{\cos t} = \log\left|\tan\left(\frac{t}{2}+\frac{\pi}{4}\right)\right|$$

となる．

4. 定積分

定積分の定義と存在

閉区間 $a \leq x \leq b$ で定義された有界な関数 $y = f(x)$ のグラフを考える．区間 $[a, b]$ を細分：$a = x_0 < x_1 < x_2 < \cdots < x_n = b$ して区間 $[x_{i-1}, x_i]$ での $f(x)$ の最大値を M_i，最小値を m_i とする．($f(x)$ が連続関数の場合には閉区間 $[x_{i-1}, x_i]$ で最大値，最小値をとることは第2章 **1** 節の定理3で証明した．しかし，$f(x)$ が連続でないとき，一般には最大値，最小値はないかもしれない．そのときは，上限と下限をとればよい．以下厳密に考えたい読者は M_i, m_i を $f(x)$ の区間 $[x_{i-1}, x_i]$ における上限と下限として読めばよい．他の読者はここではそういうことは気にせず最大値，最小値がある場合を考えればよい．) 細分された小区間 $[x_{i-1}, x_i]$ の長さを

$$\Delta_i x = x_i - x_{i-1}$$

と書く．$y = f(x)$ のグラフと x 軸によって挟まれた領域の面積 A は

(4.1) $$\sum_{i=1}^{n} m_i \Delta_i x \leq A \leq \sum_{i=1}^{n} M_i \Delta_i x$$

と上と下から押えられる．

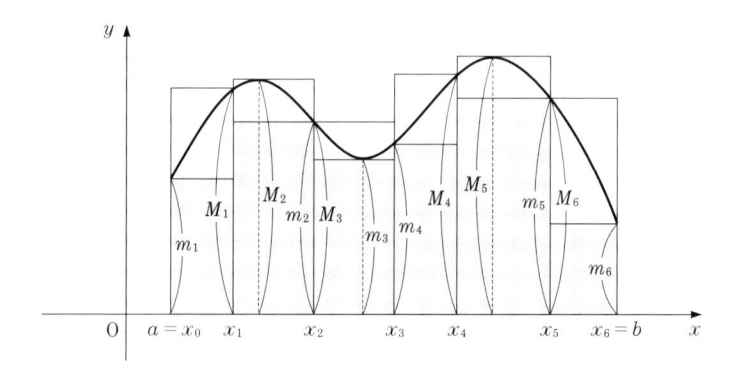

図 4.1

　面積といったが，このような図形の面積とは何かということを実はまだ定義していない．面積とよぶべきものがあるとすれば (4.1) のような関係が成り立つはずである．図 4.1 では $f(x) > 0$ の場合のグラフを描いたが図 4.2 のように $f(x)$ が負になる場所もある場合には，その部分の面積は通常の意味の面積に負の符号を付けたものとする．

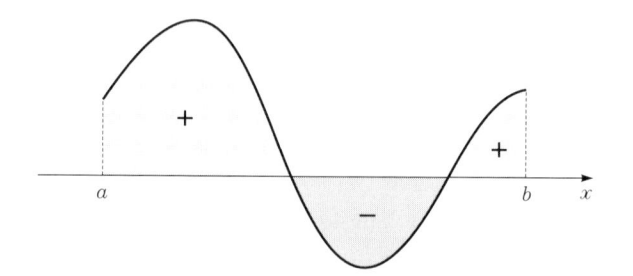

図 4.2

　大雑把にいうと区間 $[a, b]$ を細かく細分すればするほど $\sum m_i \Delta_i x$ は大きくなり，$\sum M_i \Delta_i x$ は小さくなって，共に A により近くなると考えられるから，細分の仕方をすべて考え，$\sum m_i \Delta_i x$ の上限と $\sum M_i \Delta_i x$ の下限をとればどちらも A になるだろうと想像できる．しかし確実にいえるのは不等式

$$(4.2) \quad \sup\left(\sum_{i=1}^{n} m_i \Delta_i x\right) \leq \inf\left(\sum_{i=1}^{n} M_i \Delta_i x\right)$$

である．（sup と inf は細分の仕方をいろいろと変えたときの上限と下限である．）(4.2) で等号が成り立つとき面積 A が定義され，$\int_a^b f(x)\,dx$ と書き，a から b までの $f(x)$ の**定積分**（definite integral）とよぶのである．$m_i \leq f(x_i) \leq M_i$ だから

$$\sum_i m_i \Delta_i x \leq \sum_i f(x_i) \Delta_i x \leq \sum_i M_i \Delta_i x$$

である．記号 $\int_a^b f(x)\,dx$ は，区間 $[a,b]$ の細分が細かくなったときに $\Delta_i x$ の極限を dx と書き，ラテン語の Summatorius（和）の頭文字の S を細長く $\int$ と書いたものである．

関数 $f(x)$ が連続ならば (4.2) の等式が成り立ち，定積分 $\int_a^b f(x)\,dx$ が定義されることを証明する．第 2 章 **1** 節で証明したように，閉区間で連続な関数 $f(x)$ は一様連続である．すなわち，任意の $\varepsilon > 0$ に対し $\delta > 0$ が存在して，$|x' - x''| < \delta$ であれば $|f(x') - f(x'')| < \varepsilon$ となっている．そこで細分 $a_1 = x_0 < x_1 < x_2 < \cdots < x_n = b$ を $|x_i - x_{i-1}|$ がすべて δ より小さくなるようにとれば，区間 $[x_{i-1}, x_i]$ 内の 2 点 x', x'' に対して $|f(x') - f(x'')| < \varepsilon$ となっているから $|M_i - m_i| \leq \varepsilon$ である．したがって，

$$\left|\sum_i M_i \Delta_i x - \sum_i m_i \Delta_i x\right| = \sum_i |M_i - m_i| \Delta_i x$$
$$\leq \varepsilon \sum_i \Delta_i x = \varepsilon |b - a|.$$

ε はいかに小さくてもよかったから，細分を細かくさえすれば $\sum_i M_i \Delta_i x - \sum_i m_i \Delta_i x$ はいくらでも小さくできる．したがって定積分 $\int_a^b f(x)\,dx$ が定義される．

$f(x)$ が連続でなくても定積分 $\int_a^b f(x)\,dx$ が定義される場合はある．例えば，$f(x)$ が $[a,b]$ 内のいくつかの点 $c_1,\cdots,c_k$ で不連続であっても各閉区間 $[a,c_1]$, $[c_1,c_2]$, $\cdots$, $[c_{k-1},c_k]$, $[c_k,b]$ ごとに連続であれば，それらの小区間ごとの積分の和として $\int_a^b f(x)\,dx$ も定義される（図 4.3）．ここではこのように区分的に連続な関数よりたちの悪い関数は考えない．

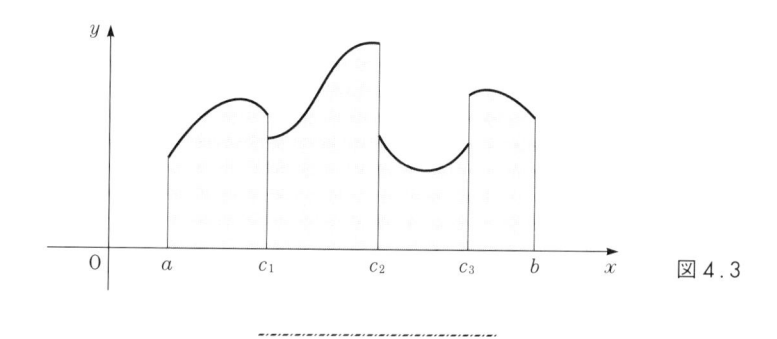

図 4.3

原始関数と定積分

与えられた関数 $f(x)$ の定積分 $\int_a^b f(x)\,dx$ を求めるとき，いちいち定義に戻って計算することは滅多にない．通常はこれから証明する微積分学の基本定理により定積分と原始関数の関係を付け，**1～3** 節で説明した原始関数を求める方法を使うのである．

関数 $f(t)$ の a から x までの定積分 $\int_a^x f(t)\,dt$ は x に依存するから x の関数と考え

(4.3) $\qquad F(x) = \int_a^x f(t)\,dt$

とおく．h を小さい数として，$F(x+h) = \int_a^{x+h} f(t)\,dt$ と (4.3) との差

$$F(x+h) - F(x) = \int_a^{x+h} f(t)\,dt - \int_a^x f(t)\,dt$$

4. 定積分

は明らかに $f(t)$ の x から $x+h$ までの積分である（図 4.4）. すなわち,
$$F(x+h) - F(x) = \int_x^{x+h} f(t)\,dt.$$

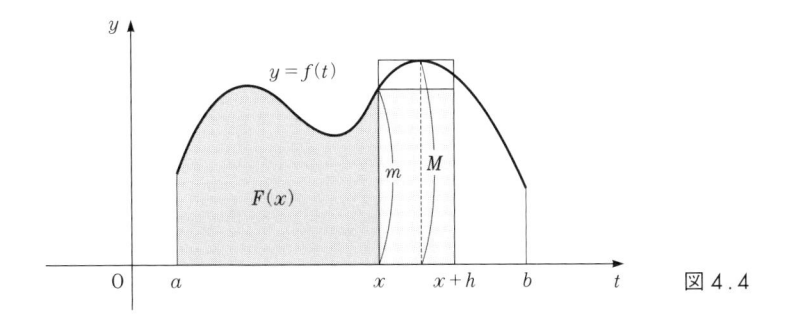

図 4.4

$f(t)$ は閉区間 $[x, x+h]$ で連続であると仮定して，そこでの最小値を m, 最大値を M とすれば
$$mh \leq \int_x^{x+h} f(t)\,dt \leq Mh$$
（ここで $h>0$ とした. $h<0$ なら不等号は逆.) したがって
$$m \leq \frac{F(x+h) - F(x)}{h} \leq M.$$
ここで, h を 0 に近付けると, $f(t)$ の連続性から m も M も共に $f(x)$ に近付くので,
$$\lim_{h \to 0} \frac{F(x+h) - F(x)}{h} = f(x).$$
左辺は $F(x)$ の微分 $F'(x)$ にほかならないから

(4.4) $\qquad F'(x) = f(x),$ すなわち $\qquad \dfrac{d}{dx}\int_a^x f(t)\,dt = f(x).$

上の式で変数 t は積分したあとは なくなってしまうので, u でも何でも同じことである. しかし $\int_a^x f(x)\,dx$ と書くのは良くない. 積分に使われ消えてしまう変数と 積分区域を示す x が同じでは困る. 公式 (4.4) を**微積**

分学の基本定理とよぶ．f の a から x までの定積分が f の原始関数になっているということである．

いま $F(x)$ を $f(x)$ の勝手な原始関数とする．((4.3) によって定義された F とは限らず，$f(x)$ のどの原始関数でもよい．) $f(x)$ の 2 つの原始関数 $F(x)$ と $\int_a^x f(t)\,dt$ の差は定数だから

$$F(x) = \int_a^x f(t)\,dt + C,$$

したがって

$$F(b) - F(a) = \int_a^b f(t)\,dt + C - \left(\int_a^a f(t)\,dt + C\right).$$

定積分の定義から明らかに $\int_a^a f(t)\,dt = 0$ だから

(4.5) $$F(b) - F(a) = \int_a^b f(t)\,dt.$$

簡単のため，$F(b) - F(a)$ を $\Big[F(x)\Big]_a^b$ あるいは $F(x)\Big|_a^b$ と書き，(4.5) を次のように表わす：

$$\int_a^b f(t)\,dt = \Big[F(x)\Big]_a^b.$$

すなわち，f の a から b までの定積分を求めるには，f の原始関数 $F(x)$ を 1 つとってきて，$F(b) - F(a)$ を計算すればよいのである．

次の例はフーリエ (Fourier) 展開で必要となる定積分である．m, n は正の整数とする．

(4.6) $$\int_0^{2\pi} \cos mx \cos nx\,dx = \begin{cases} \pi & (m = n \text{ のとき}), \\ 0 & (m \neq n \text{ のとき}) \end{cases}$$

(4.7) $$\int_0^{2\pi} \sin mx \sin nx\,dx = \begin{cases} \pi & (m = n \text{ のとき}), \\ 0 & (m \neq n \text{ のとき}) \end{cases}$$

(4.8) $$\int_0^{2\pi} \cos mx \sin nx\,dx = 0.$$

証明 (4.6) は第 2 章 (2.10) を使って

$$\int \cos mx \cos nx \, dx = \frac{1}{2} \int \cos(m+n)x \, dx + \frac{1}{2} \int \cos(m-n)x \, dx$$

$$= \begin{cases} \dfrac{1}{2(m+n)} \sin(m+n)x + \dfrac{1}{2(m-n)} \sin(m-n)x \\ \hspace{5cm} (m-n \neq 0 \text{ の場合}), \\ \dfrac{1}{2(m+n)} \sin(m+n)x + \dfrac{1}{2} x \hspace{1cm} (m-n = 0 \text{ の場合}). \end{cases}$$

そして

$$\Big[\sin(m+n)x\Big]_0^{2\pi} = 0, \quad \Big[\sin(m-n)x\Big]_0^{2\pi} = 0, \quad \Big[x\Big]_0^{2\pi} = 2\pi$$

から (4.6) を得る.

(4.7) は第 2 章 (2.11) を使って,(4.8) は第 2 章の (2.12) を使って同様に証明される. $\diamondsuit$

部分積分の公式 (2.2) は,定積分の場合には

(4.9) $$\int_a^b u(x) v'(x) \, dx = \Big[u(x) v(x)\Big]_a^b - \int_a^b u'(x) v(x) \, dx$$

となる.

例えば,部分積分を繰り返して使って($m \geq n$ の場合),

$$\int_0^1 x^m (1-x)^n \, dx$$

$$= \left[\frac{x^{m+1}}{m+1}(1-x)^n\right]_0^1 + \int_0^1 \frac{n}{m+1} x^{m+1}(1-x)^{n-1} \, dx$$

$$= \left[\frac{n}{(m+1)(m+2)} x^{m+2}(1-x)^{n-1}\right]_0^1$$

$$\quad + \int_0^1 \frac{n(n-1)}{(m+1)(m+2)} x^{m+2}(1-x)^{n-2} \, dx$$

$$= \left[\frac{n(n-1)}{(m+1)(m+2)(m+3)} x^{m+3}(1-x)^{n-2}\right]_0^1$$

$$\quad + \int_0^1 \frac{n(n-1)(n-2)}{(m+1)(m+2)(m+3)} x^{m+3}(1-x)^{n-3} \, dx$$

を続行すれば最後の積分は

$$\int_0^1 \frac{n!}{(m+1)(m+2)\cdots(m+n)} x^{m+n}\,dx$$
$$= \left[\frac{n!}{(m+1)(m+2)\cdots(m+n+1)} x^{m+n+1}\right]_0^1$$

となり，

(4.10) $\quad \displaystyle\int_0^1 x^m(1-x)^n\,dx = \frac{m!\,n!}{(m+n+1)!}$

を得る．

$m \geq n$ と仮定したことから $u = (1-x)^n$, $v' = x^m$ として始めたが，$m < n$ の場合には $u = x^m$, $v' = (1-x)^n$ として始めればよい．あるいは，$x = 1-t$ と置換して $m \geq n$ の場合に帰してもよい．いずれにしても (4.10) は常に成り立つ．

5. テイラー展開（積分の形の剰余項）

第3章 **10** 節では平均値の定理を使って剰余項も微分だけで表わされるテイラーの公式を証明した．ここでは部分積分を使って剰余項が積分の形で与えられる**テイラーの公式**を証明する．この公式を使う方がテイラー級数の収束を証明しやすい．

定理1 関数 $f(x)$ は点 a を含むある区間で連続で，第 $n+1$ 階までの微分が存在して連続であるとすると，その区間の点 x で

(5.1) $\quad \displaystyle f(x) = \sum_{k=0}^{n} \frac{f^{(k)}(a)}{k!}(x-a)^k + R_{n+1}(a,x)$

となる．ここで剰余項 $R_{n+1}(a,x)$ は

(5.2) $\quad \displaystyle R_{n+1}(a,x) = \int_a^x \frac{f^{(n+1)}(t)}{n!}(x-t)^n\,dt$

で与えられる．

5. テイラー展開 (積分の形の剰余項)

証明 $f(x)$ は $f'(x)$ の原始関数だから, (4.5) により
$$f(x) - f(a) = \int_a^x f'(t)\, dt.$$
ここで $u(t) = f'(t)$, $v(t) = -(x-t)$, したがって $u'(t) = f''(t)$, $v'(t) = 1$ として上の積分を部分積分すれば
$$\begin{aligned}f(x) - f(a) &= \Big[-(x-t)f'(t)\Big]_a^x + \int_a^x (x-t)f''(t)\, dt \\ &= f'(a)(x-a) + \int_a^x (x-t)f''(t)\, dt.\end{aligned}$$
今度は $u(t) = f''(t)$, $v(t) = -\dfrac{(x-t)^2}{2}$, よって $u'(t) = f'''(t)$, $v'(t) = x - t$ として上の積分を部分積分すると
$$\begin{aligned}f(x) - f(a) &= f'(a)(x-a) - \Big[\frac{(x-t)^2}{2}f''(t)\Big]_a^x + \int_a^x \frac{(x-t)^2}{2}f'''(t)\, dt \\ &= f'(a)(x-a) + f''(a)\frac{(x-a)^2}{2} + \int_a^x \frac{(x-t)^2}{2}f'''(t)\, dt.\end{aligned}$$
これを繰り返せば公式を得る. ◇

$\log(1+x)$ の展開

第3章 **10**節で無限回微分可能な関数のテイラー展開について説明し, e^x, $\sin x$, $\cos x$ などのテイラー展開を与えた. しかし $\log(1+x)$ に対しては第3章のテイラーの公式 (10.17) において, $n \to \infty$ のとき剰余項 R_{n+1} が 0 に近付くことを証明できず, テイラー級数が $\log(1+x)$ に収束することが証明できなかった. ここで積分の形の剰余項を使えばそれが可能であることを説明する. テイラーの公式 (5.1) と第3章のテイラーの公式 (10.6) は剰余項の表現が違うだけだから, 第3章で証明した $\log(1+x)$ に対するテイラーの公式 (10.17) も剰余項以外はここでそのまま使える.

$\log(1+x)$ は $|x| < 1$ で何回でも微分可能で, $a = 0$ として

(5.3) $$\log(1+x) = x - \frac{x^2}{2} + \frac{x^3}{3} - \cdots + (-1)^{n-1}\frac{x^n}{n} + R_{n+1}(0, x),$$

$$(5.4) \quad R_{n+1}(0, x) = \int_0^x \frac{(-1)^n \, n!}{n! \, (1+t)^{n+1}} (x-t)^n \, dt$$
$$= \int_0^x \frac{(-1)^n (x-t)^n}{(1+t)^{n+1}} \, dt \, .$$

剰余項 $R_{n+1}(0, x)$ を評価するために r ($0 < r < 1$) を固定し, $|x| \leq r$ となる x だけを考える. 積分は $t = 0$ から $t = x$ までだから, $\dfrac{(x-t)^n}{(1+t)^{n+1}}$ を評価する際に t は 0 と x の間の数としてよい. すなわち $0 \leq t \leq x$ か $x \leq t \leq 0$ としてよい. まず $0 < x$ の場合には $0 \leq t \leq x$ だから

$$\left| \frac{x-t}{1+t} \right| \leq \frac{r}{1} = r \, .$$

次に, $x < 0$ の場合には $x \leq t \leq 0$ だから

$$\left| \frac{x-t}{1+t} \right| = \frac{|x| - |t|}{1 - |t|} \leq \frac{r - |t|}{1 - |t|}$$
$$= \frac{(r - r|t|) + (r|t| - |t|)}{1 - |t|} = r - \frac{(1-r)|t|}{1 - |t|} < r \, .$$

一方, $|t| \leq |x| \leq r$ だから

$$|1 + t| \geq 1 - |t| \geq 1 - r \, .$$

したがって, $|x| \leq r$ となるすべての x に対して次の不等式が成り立つ:

$$(5.5) \quad |R_{n+1}(0, x)| = \left| \int_0^x \frac{(-1)^n (x-t)^n}{(1+t)^{n+1}} \, dt \right|$$
$$\leq \left| \int_0^x \left| \frac{x-t}{1+t} \right|^n \frac{1}{|1+t|} \, dt \right|$$
$$\leq \left| \int_0^x \frac{r^n}{1-r} \, dt \right| \leq \frac{r^{n+1}}{1-r} \, .$$

明らかに, $n \to \infty$ のとき $|R_{n+1}(0, x)| \to 0$ である. より正確にいうと, 任意の $\varepsilon > 0$ に対し $N > 0$ を十分大きくとれば, $|R_{n+1}(0, x)| < \varepsilon$ がすべての $n \geq N$ とすべての x ($|x| \leq r$) に対して成り立つ. N は r によるが, $|x| \leq r$ の範囲では x によらずに選べることに注意しておく. (これは後に説明するように, $R_{n+1}(0, x)$ は $n \to \infty$ のとき, $|x| \leq r$ で 0 に一様収束するということである.)

5. テイラー展開（積分の形の剰余項）

以上のことは $0<r<1$ となる任意の r に対して成り立つから，$n\to\infty$ のとき $R_{n+1}(0,x)\to 0$ となることがすべての x（$|x|<1$）に対して証明された．これで $\log(1+x)$ のテイラー展開

$$(5.6)\qquad \log(1+x) = x - \frac{x^2}{2} + \frac{x^3}{3} - \cdots + (-1)^{n-1}\frac{x^n}{n} + \cdots\cdots$$

$$(|x|<1)$$

が証明された．(5.6) から，$|x|<1$ のとき $\log(1+x) < x$ が成り立つことは容易に示される．

$x=-1$ では $\log(1+x)$ は定義されないから上の式は無意味であるが，$x=1$ では $n\to\infty$ のとき $R_{n+1}(0,1) \to 0$ となり，(5.6) が成り立つことを証明する．(5.4) で $x=1$ とおけば

$$|R_{n+1}(0,1)| = \int_0^1 \frac{(1-t)^n}{(1+t)^{n+1}}\,dt\,.$$

そこで

$$u = \frac{1-t}{1+t},\qquad \frac{du}{dt} = \frac{-2}{(1+t)^2}$$

と置換する．$0\le t\le 1$ では $0\le 1-t\le 1$ となるから

$$\frac{(1-t)^n}{(1+t)^{n+1}} \le \frac{(1-t)^{n-1}}{(1+t)^{n+1}} = \left(\frac{1-t}{1+t}\right)^{n-1}\frac{1}{(1+t)^2} = -\frac{1}{2}u^{n-1}\frac{du}{dt}$$

だから（$t=0$ のとき $u=1$；$t=1$ のとき $u=0$ であることに注意して），

$$|R_{n+1}(0,1)| \le -\frac{1}{2}\int_1^0 u^{n-1}\,du = \left[-\frac{1}{2n}u^n\right]_1^0 = \frac{1}{2n}\,.$$

よって，$n\to\infty$ のとき $R_{n+1}(0,1)\to 0$ で (5.6) は $x=1$ でも成り立ち，

$$(5.7)\qquad \log 2 = 1 - \frac{1}{2} + \frac{1}{3} - \frac{1}{4} + \cdots\cdots\,.$$

第1章 (7.10) で上の交代調和級数が収束することは証明した．ここではその極限まで求めることができた．

二項級数

次の**二項級数**（binomial series）も (5.1) の応用として得られる．任意の実数 m に対し

$$(5.8) \quad (1+x)^m = 1 + \sum_{n=1}^{\infty} \frac{m(m-1)\cdots(m-n+1)}{n!} x^n$$

$$(\,|x|<1\,)$$

が成り立つ．m が自然数のときは上の式の右辺において $n \geq m+1$ に対しては x^n の項の係数が 0 になり，通常の二項定理になる．

(5.8) を証明するには，$(1+x)^m$ に対して (5.1) を用いて $a=0$ とする．そうすると

$$(5.9) \quad (1+x)^m = 1 + \sum_{n=1}^{k} \frac{m(m-1)\cdots(m-n+1)}{n!} x^n + R_{k+1}(0,x),$$

(5.10)

$$R_{k+1}(0,x) = \int_0^x \frac{(x-t)^k}{k!} m(m-1)\cdots(m-k)(1+t)^{m-k-1}\, dt$$

$$= \frac{m(m-1)\cdots(m-k)}{k!} \int_0^x \frac{(x-t)^k}{(1+t)^k}(1+t)^{m-1}\, dt.$$

ここで $0 < r < 1$ となる r を固定し，条件 $|x| \leq r$ を満たす x だけを考える．t について積分する際，t は 0 から x まで動くから，$x > 0$ の場合には $0 \leq t \leq x \leq r < 1$ で

$$\left|\frac{x-1}{1+t}\right| \leq \frac{|x|}{1} \leq r,$$

そして $x < 0$ の場合には $-1 < -r \leq x \leq t \leq 0$ で

$$\left|\frac{x-t}{1+t}\right| = \frac{|x|-|t|}{1-|t|} \leq \frac{r-|t|}{1-|t|} \leq r.$$

したがって

5. テイラー展開（積分の形の剰余項）

$$\left| \int_0^x \frac{(x-t)^k}{(1+t)^k}(1+t)^{m-1}\,dt \right| \leq \left| \int_0^x r^k(1+t)^{m-1}\,dt \right|$$

$$= r^k \left| \int_0^x (1+t)^{m-1}\,dt \right| = r^k \left| \left[\frac{1}{m}(1+t)^m \right]_0^x \right|$$

$$\leq \frac{r^k(1+r)^m}{m} \qquad (m \neq 0 \text{ とした}).$$

これを (5.10) に代入して

$$|R_{k+1}(0,x)| \leq \frac{|(m-1)(m-2)\cdots(m-k)|}{k!} r^k (1+r)^m.$$

ここで，$R_{k+2}(0,x)$ が $R_{k+1}(0,x)$ と較べてどのような比率で小さくなっていくかを調べる．

$$\left| \frac{R_{k+2}(0,x)}{R_{k+1}(0,x)} \right| = \left| \frac{m-k-1}{k+1} \right| r = \left| \frac{k+1-m}{k+1} \right| r$$

$$= \left| 1 - \frac{m}{k+1} \right| r \leq \left(1 + \frac{|m|}{k+1} \right) r.$$

m は固定された実数だから，k を大きくとれば $\dfrac{|m|}{k+1}$ をいくらでも小さくできる．$r < s < 1$ となるように s を選び，$\left(1 + \dfrac{|m|}{K+1}\right) r < s$ となるように自然数 K を大きくとる．そうすれば $k \geq K$ となる k に対して

$$\left| \frac{R_{k+2}(0,x)}{R_{k+1}(0,x)} \right| < s$$

が成り立つ．すなわち，$|R_{k+1}(0,x)|$ は $k = K$ からあとは比率 s 以上の速さで小さくなっていく．詳しくいうと

$$|R_{K+l+1}(0,x)| < s\,|R_{K+l}(0,x)| < s^2\,|R_{K+l-1}(0,x)| < \cdots < s^l\,|R_{K+1}(0,x)|.$$

したがって，$l \to \infty$ のとき $|R_{K+l+1}(0,x)| \to 0$, すなわち，$k \to \infty$ のとき $|R_{k+1}(x,0)| \to 0$ となる．(5.5) の後で説明したように，これで $k \to \infty$ のとき，$|x| \leq r$ で $R_{k+1}(0,x)$ は一様に 0 に収束することを証明したのである．r は $0 < r < 1$ となる任意の数だったから，$k \to \infty$ のとき，$|x| < 1$ で $R_{k+1}(0,x) \to 0$ である．これで (5.8) が証明された．

$x = \pm 1$ の場合は微妙である．

1) $x = 1$ の場合： (5.9) と (5.10) は

$$2^m = 1 + \sum_{n=1}^{k} \frac{m(m-1)\cdots(m-n+1)}{n!} + R_{k+1}(0, 1),$$

$$R_{k+1}(0, 1) = \frac{m(m-1)\cdots(m-k)}{k!} \int_0^1 \frac{(1-t)^k}{(1+t)^{k+1-m}} dt$$

となる．$k \geq m$ なら $(1+t)^{k+1-m} \geq 1$ だから

$$0 \leq \int_0^1 \frac{(1-t)^k}{(1+t)^{k+1-m}} dt \leq \int_0^1 (1-t)^k dt$$
$$= \left[\frac{-1}{k+1}(1-t)^{k+1}\right]_0^1 = \frac{1}{k+1}.$$

したがって

(∗) $\quad |R_{k+1}(0, 1)| \leq \dfrac{|m(m-1)(m-2)\cdots(m-k)|}{1 \cdot 2 \cdot 3 \cdots k(k+1)}.$

$m > -1$ なら $k \to \infty$ のとき (∗) の右辺が 0 に収束することを証明する．$[m]$ を m の整数部分，すなわち $0 \leq m - [m] < 1$ となるような整数とする．$m > -1$ だから $[m] \geq 0$ である．(∗) の右辺を書き直して（$k > m$ とすれば）

$$\frac{1}{1 \cdot 2 \cdots (k-[m])(k-[m]+1)\cdots(k+1)} |m(m-1)\cdots(m-[m])|$$
$$\times |(m-[m]-1)(m-[m]-2)\cdots\{(m-[m])-(k-[m])\}|$$
$$= m(m-1)\cdots(m-[m]) \cdot \frac{1-(m-[m])}{1} \cdot \frac{2-(m-[m])}{2} \cdots$$
$$\times \frac{(k-[m])-(m-[m])}{k-[m]} \cdot \frac{1}{(k-[m]+1)\cdots(k+1)}.$$

（上の式の左辺で $m - [m] - 1$ の項から負になっていることに注意せよ．）ここで $m(m-1)\cdots(m-[m])$ は常に k に関係なく m だけできまる定数だから A と書くことにする．$0 \leq m - [m] < 1$ だから $\dfrac{1-(m-[m])}{1}$，$\dfrac{2-(m-[m])}{2}$, $\cdots$, $\dfrac{(k-[m])-(m-[m])}{k-[m]}$ はすべて 1 を超えない正数

である．したがって $k \to \infty$ のとき
$$|R_{k+1}(0,1)| \leq \frac{A}{(k-[m]+1)\cdots(k+1)} \to 0.$$
これで $m > -1$ の場合，
$$(5.11) \qquad 2^m = 1 + \sum_{n=1}^{\infty} \frac{m(m-1)\cdots(m-n+1)}{n!}$$
が証明された．

$m \leq -1$ のときは $\dfrac{|m(m-1)\cdots(m-n+1)|}{n!} \geq 1$ となり，(5.11) の右辺が収束しないことは明らかである．

2) $x = -1$ の場合： (5.9) と (5.10) は
$$0 = 1 + \sum_{n=1}^{k} \frac{m(m-1)\cdots(m-n+1)}{n!}(-1)^n + R_{k+1}(0,-1),$$
$$R_{k+1}(0,-1) = \frac{m(m-1)\cdots(m-k)}{k!} \int_0^1 \frac{(-1-t)^k}{(1+t)^k}(1+t)^{m-1} dt$$
$$= \left[\frac{m(m-1)\cdots(m-k)}{k!} \frac{(-1)^k}{m}(1+t)^m \right]_0^{-1}$$
$$= (-1)^{k+1} \frac{(m-1)(m-2)\cdots(m-k)}{k!}.$$

$m \leq 0$ なら $|R_{k+1}(0,-1)| \geq 1$ は明らか．$m > 0$ とする．$x = 1$ の場合と同様にして
$$\frac{|(m-1)(m-2)\cdots(m-k)|}{k!}$$
$$= \frac{1}{1\cdot 2\cdot 3\cdots k}(m-1)(m-2)\cdots(m-[m])$$
$$\quad \times \{1-(m-[m])\}\{2-(m-[m])\}\cdots\{(k-[m])-(m-[m])\}$$
$$= (m-1)(m-2)\cdots(m-[m]) \cdot \frac{1-(m-[m])}{1} \cdot \frac{2-(m-[m])}{2} \cdots$$
$$\quad \times \frac{(k-[m])-(m-[m])}{k-[m]} \cdot \frac{1}{(k-[m]+1)\cdots k}$$
を得る．$m \geq 1$ なら $k \to \infty$ のとき $R_{k+1}(0,-1) \to 0$ は前の場合と同様．

しかし $0 < m < 1$ の場合，$[m] = 0$ で $\dfrac{1}{(k-[m]+1)\cdots k}$ の項は現われないから，すぐには $R_{k+1}(0, -1) \to 0$ といえない．以下 $0 < m < 1$ と仮定する．そうすると

$$|R_{k+1}(0, -1)| = \frac{1-m}{1} \cdot \frac{2-m}{2} \cdots \frac{k-m}{k}$$
$$= (1-m)\left(1-\frac{m}{2}\right)\cdots\left(1-\frac{m}{k}\right)$$

となる．$0 < 1 - \dfrac{m}{k} < 1$ で $\lim\limits_{k\to\infty}\left(1-\dfrac{m}{k}\right) = 1$ となるから，$k \to \infty$ のとき $|R_{k+1}(0, -1)|$ は減少しても 0 に収束するかどうかはすぐにはわからない．そこで対数をとって積を和に変えて評価する．

$$\log|R_{k+1}(0, -1)| = \log(1-m) + \log\left(1-\frac{m}{2}\right) + \cdots + \log\left(1-\frac{m}{k}\right).$$

$\log(1+x)$ のテイラー展開 (5.6) により $\log(1-m) < -m$, $\log\left(1-\dfrac{m}{2}\right) < -\dfrac{m}{2}$, $\cdots$, $\log\left(1-\dfrac{m}{k}\right) < -\dfrac{m}{k}$ だから

$$\log|R_{k+1}(0, -1)| < -m - \frac{m}{2} - \cdots - \frac{m}{k}$$
$$= -m\left(1 + \frac{1}{2} + \cdots + \frac{1}{k}\right).$$

第1章 (7.8) で示したように調和級数 $\sum\limits_{n=1}^{\infty} \dfrac{1}{n}$ は発散する．したがって $k \to \infty$ のとき $\log|R_{k+1}(0, -1)| \to -\infty$．これは $R_{k+1}(0, -1) \to 0$ を意味する．これで

(5.12) $\qquad 0 = 1 + \sum\limits_{n=1}^{\infty} (-1)^n \dfrac{m(m-1)\cdots(m-n+1)}{n!}$

が証明された．

5. テイラー展開（積分の形の剰余項）

　既に第3章 **10** 節で述べたように剰余項が積分の形で与えられるテイラーの公式（定理1）はコーシー（1829年）による．

　$(1+x)^n$ を展開して得られる二項級数は n が自然数のときにはもちろん有限和で，その公式は古くから知られていた．ニュートンの重要な仕事の一つは，n が有理数の場合の二項級数の発見であった（1665年）．補間法を用いて n が自然数の場合から有理数の場合の級数を得て，もっともらしい説明を与えたが厳密な証明をしたわけではない[1]．完全ではないがもっともらしい推論で新しい定理を発見し，それからきちんとした証明を与えるということは珍しいことではない．その両方が1人の数学者によってなされる場合には，我々は完成した証明を見せられるだけで，定理がどのような推理で発見されたのかをうかがい知ることができないことが多い．（ガウスは完成した芸術品を見せるだけで，それが創られる過程を見せなかったことでも有名である．）　二項級数が実数べきの場合にまで拡張されたのは1世紀後の1764年に Vandermonde (1735-1796)，そして1770年にオイラーによってである．しかし2人とも二項級数の収束性の問題は考えなかった．コーシーは著書 Cours d'Analyse（解析課程）(1821年）で $(1+x)^n$ の二項級数が収束することは証明したが，実際 $(1+x)^n$ に収束することを完全には証明しなかった．完全な証明は1826年に Abel (1802-1829) によって与えられた．またアーベルは二項定理を複素数の場合にまで拡張した．

---

[1]　ニュートンがいかにして二項級数に到達したかについては C. H. Edwards, Jr.: The Historical Development of the Calculus が特に詳しい．

6. 広義の積分

原始関数が見つかる場合

4 節で考えた定積分 $\int_a^b f(x)\,dx$ は閉区間 $a \leq x \leq b$ で定義された関数 $f(x)$ に対してであった．ここではそれを区間が閉じていない場合，すなわち両端の a, b のうち少なくとも片方が含まれていない区間，または $a = -\infty$ か $b = \infty$（あるいは $a = -\infty$ かつ $b = \infty$）の場合の定積分を考える．このような広義の積分を**広義積分**（improper integral）という．例えば，

$$(6.1) \qquad \int_{-1}^{1} \sqrt{\frac{1+x}{1-x}}\,dx$$

において関数 $f(x) = \sqrt{\dfrac{1+x}{1-x}}$ は $-1 \leq x < 1$ で定義されていて連続であるが，x が 1 に近付くにつれて ∞ になる．このようなとき，$\int_{-1}^{1} f(x)\,dx$ の意味は，小さい数 $\varepsilon > 0$ をとり積分 $\int_{-1}^{1-\varepsilon} f(x)\,dx$ を考える．$f(x)$ は閉区間 $-1 \leq x \leq 1-\varepsilon$ で連続だから，この積分は **4** 節で考えた通常の定積分である．そして $\varepsilon \to 0$ としたときの極限

$$(6.2) \qquad \lim_{\varepsilon \to 0} \int_{-1}^{1-\varepsilon} f(x)\,dx$$

が<u>存在するとき</u>，それを $\int_{-1}^{1} f(x)\,dx$ と書くのである．この例を実際に計算してみる．被積分関数の分母と分子に $\sqrt{1+x}$ を掛けると

$$\begin{aligned}
\int \sqrt{\frac{1+x}{1-x}}\,dx &= \int \frac{1+x}{\sqrt{1-x^2}}\,dx \\
&= \int \frac{1}{\sqrt{1-x^2}}\,dx + \int \frac{x}{\sqrt{1-x^2}}\,dx \\
&= \sin^{-1} x - \sqrt{1-x^2}
\end{aligned}$$

であるから

$$\int_{-1}^{1-\varepsilon} \sqrt{\frac{1+x}{1-x}}\, dx = \Big[\sin^{-1} x\Big]_{-1}^{1-\varepsilon} - \Big[\sqrt{1-x^2}\Big]_{-1}^{1-\varepsilon}$$
$$= \sin^{-1}(1-\varepsilon) - \sin^{-1}(-1) - \sqrt{1-(1-\varepsilon)^2} + \sqrt{1-1^2}$$
$$= \sin^{-1}(1-\varepsilon) + \frac{\pi}{2} - \sqrt{1-(1-\varepsilon)^2}.$$

ここで $\varepsilon \to 0$ として

(6.3) $$\int_{-1}^{1} \sqrt{\frac{1+x}{1-x}}\, dx = \frac{\pi}{2} + \frac{\pi}{2} = \pi$$

を得る.

一方, 例えば $g(x)$ が $a \leq x < \infty$ で定義された連続関数であるとき, まず $\int_a^b g(x)\, dx$ を考え, $b \to \infty$ としたときの極限 $\lim_{b \to \infty} \int_a^b g(x)\, dx$ が存在するならば, それを $\int_a^\infty g(x)\, dx$ と書くのである. 例えば, 積分 (6.1) において置換

$$t = \sqrt{\frac{1+x}{1-x}}, \quad \text{すなわち} \quad x = \frac{t^2-1}{t^2+1}$$

を施せば, $x = -1$ のとき $t = 0$; $x = 1$ のとき $t = \infty$ となる. そして

$$\frac{dx}{dt} = \frac{4t}{(t^2+1)^2}$$

だから

(6.4) $$\int_{-1}^{1} \sqrt{\frac{1+x}{1-x}}\, dx = \int_0^\infty \frac{4t^2}{(t^2+1)^2}\, dt$$

となる. このように区間 $a \leq x < b$ での積分と $a \leq x < \infty$ での積分に本質的な違いはない. 詳しい計算は略すが, (6.4) の積分を計算するには $t = \tan\theta$ という置換をするのが自然で,

$$\int_0^\infty \frac{4t^2}{(t^2+1)^2}\, dt = \int_0^{\frac{\pi}{2}} 4\sin^2\theta\, d\theta = 2\Big[\theta - \frac{\sin 2\theta}{2}\Big]_0^{\frac{\pi}{2}} = \pi$$

となる.

原始関数が見つからない場合

上の例は広義の積分といっても通常の定積分とそれほど違わない. すなわち, まず原始関数を求めて区間の端でそれを評価するわけである. しかし確率論で重要な関数(グラフは図 6.1)

(6.5) $\qquad f(x) = e^{-x^2}$

の $-\infty$ から ∞ までの積分などは全く別の方法で計算しなければならない. (確率論で使う関数は $\dfrac{1}{\sqrt{2\pi}} e^{-\frac{x^2}{2}}$ だが本質的には (6.5) と同じである.)

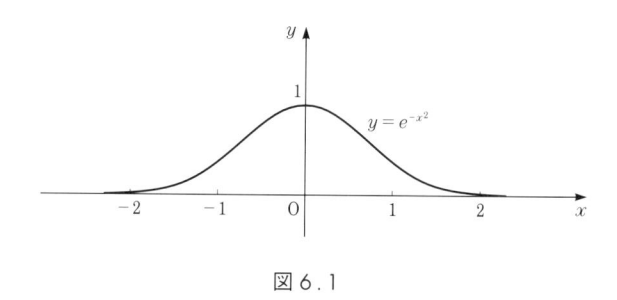

図 6.1

積分

(6.6) $\qquad \displaystyle\int_{-\infty}^{\infty} e^{-x^2}\, dx$

が存在することを証明する. e^{-x^2} のグラフから明らかなように $\displaystyle\int_{-\infty}^{\infty} e^{-x^2}\, dx = 2\int_{0}^{\infty} e^{-x^2}\, dx$ を考えればよいが, 積分区間を $\displaystyle\int_{0}^{1}$ と $\displaystyle\int_{1}^{\infty}$ に分けたとき, $\displaystyle\int_{0}^{1} e^{-x^2}\, dx$ は問題なく存在するから, $\displaystyle\int_{1}^{\infty} e^{-x^2}\, dx$ だけ考えればよい. $1 \leq x \leq \infty$ では $x^2 > x$ だから, $e^{-x^2} \leq e^{-x}$. したがって

$$\int_{1}^{b} e^{-x^2}\, dx \leq \int_{1}^{b} e^{-x}\, dx = \left[-e^{-x}\right]_{1}^{b} = e^{-1} - e^{-b} < e^{-1}.$$

$e^{-x^2} > 0$ だから $\displaystyle\int_{1}^{b} e^{-x^2}\, dx$ は $b \to \infty$ のとき単調増加, そして上に有界 (e^{-1} が上界) だから $\displaystyle\lim_{b \to \infty} \int_{1}^{b} e^{-x^2}\, dx$ は存在する. したがって (6.6) の存在

が示された．しかし積分値はいままでのように e^{-x^2} の原始関数をまず見つけて というような方法では求められない．原始関数が既知の関数で表わせないからである．2重積分とよばれる方法を使えば容易に

$$\int_{-\infty}^{\infty} e^{-x^2}\,dx = \sqrt{\pi}$$

が証明されるが，ここでは2重積分を説明する余裕はないので割愛する．

有理関数の全区間での積分

有理関数 $\dfrac{h(x)}{f(x)}$ で f の次数が h の次数より<u>2かそれ以上高く</u>，$f(x) = 0$ が実解をもたない場合には，積分 $\int_{-\infty}^{\infty} \dfrac{h(x)}{f(x)}\,dx$ が存在することを次のようにして証明する．

$$h(x) = a_0 x^n + a_1 x^{n-1} + \cdots + a_n,$$
$$f(x) = x^{n+2} + b_1 x^{n+1} + \cdots + b_{n+2}$$

とし，$f(x)$ を因数分解して

$$f(x) = \{(x-a)^2 + b^2\}k(x), \qquad k(x) = x^n + c_1 x^{n-1} + \cdots + c_n$$

と書いておく．（第2章で(8.2)を与えたように $f(x)$ は1次式と実根をもたない2次式に因数分解されるが，$f(x)$ は実根をもたないから1次式は現われない．そして実根をもたない2次式は $(x-a)^2 + b^2$ の定数倍の形をしている．また，当然 $k(x) \neq 0$ である．）

$$\frac{h(x)}{k(x)} = \frac{a_0 x^n + a_1 x^{n-1} + \cdots + a_n}{x^n + c_1 x^{n-1} + \cdots + c_n} = \frac{a_0 + \dfrac{a_1}{x} + \cdots + \dfrac{a_n}{x^n}}{1 + \dfrac{c_1}{x} + \cdots + \dfrac{c_n}{x^n}}$$

だから，$|x|$ が大きくなると $\dfrac{h(x)}{k(x)}$ は a_0 に近付くから，与えられた $\varepsilon > 0$ に対し大きな $R > 0$ をとれば $|x| \geq R$ のとき $\left|\dfrac{h(x)}{k(x)} - a_0\right| < \varepsilon$ となる．特に $\varepsilon = 1$ として $a_0 - 1 \leq \dfrac{h(x)}{k(x)} \leq a_0 + 1$．一方，$k(x)$ はどこでも0に

ならないから $\dfrac{h(x)}{k(x)}$ はいたるところ連続．したがって $\dfrac{h(x)}{k(x)}$ は $|x| \leq R$ で有界．結局 $\dfrac{h(x)}{k(x)}$ は $-\infty < x < \infty$ において有界となるから，十分大きい正数 A をとれば $-A < \dfrac{h(x)}{k(x)} < A$ となるから，$-\infty < x < \infty$ において

$$-\frac{A}{(x-a)^2+b^2} \leq \frac{h(x)}{f(x)} \leq \frac{A}{(x-a)^2+b^2}.$$

積分範囲を $-c$ から a までと，a から c までに分けて，

$$\left| \int_{-c}^{a} \frac{h(x)}{f(x)} \, dx \right| \leq A \int_{-c}^{a} \frac{1}{(x-a)^2+b^2} \, dx,$$

$$\left| \int_{a}^{c} \frac{h(x)}{f(x)} \, dx \right| \leq A \int_{a}^{c} \frac{1}{(x-a)^2+b^2} \, dx$$

が成り立つ．一方，

$$\int_{-c}^{a} \frac{1}{(x-a)^2+b^2} \, dx = \left[\frac{1}{b} \tan^{-1} \frac{x-a}{b} \right]_{-c}^{a} = \frac{1}{b} \tan^{-1} \frac{c+a}{b},$$

$$\int_{a}^{c} \frac{1}{(x-a)^2+b^2} \, dx = \left[\frac{1}{b} \tan^{-1} \frac{x-a}{b} \right]_{a}^{c} = \frac{1}{b} \tan^{-1} \frac{c-a}{b}.$$

$\dfrac{1}{b} \tan^{-1} \dfrac{c+a}{b}$ も $\dfrac{1}{b} \tan^{-1} \dfrac{c-a}{b}$ も c と共に単調に増加して，$c \to \infty$ のとき $\dfrac{\pi}{2b}$ に収束する．よって

$$(*) \qquad \left| \int_{-c}^{a} \frac{h(x)}{f(x)} \, dx \right| \leq \frac{A\pi}{2b}, \qquad \left| \int_{a}^{c} \frac{h(x)}{f(x)} \, dx \right| \leq \frac{A\pi}{2b}$$

となる．c を十分大きくとり，$h(x)$ の実根がすべて区間 $-c \leq x \leq c$ に含まれるようにすれば，$\dfrac{h(x)}{f(x)}$ は $-\infty < x \leq -c$ でも $c \leq x < \infty$ でも符号を変えないから，

$$\int_{-c}^{a} \frac{h(x)}{f(x)} \, dx \quad \text{と} \quad \int_{a}^{c} \frac{h(x)}{f(x)} \, dx$$

は c と共に単調に増加するか 単調に減少するが，$(*)$ により有界だから，$c \to \infty$ のとき 極限 $\lim_{c \to \infty} \int_{-c}^{a} \dfrac{h(x)}{f(x)} \, dx$, $\lim_{c \to \infty} \int_{a}^{c} \dfrac{h(x)}{f(x)} \, dx$ が存在する．

実際に積分 $\int_{-\infty}^{\infty} \frac{h(x)}{f(x)} dx$ の値を求めるのは **3** 節で説明した方法によって $\frac{h(x)}{f(x)}$ の原始関数を見つけることによっても可能だが，関数論の留数の方法を使えば原始関数を使わず直接に積分値を求めることができる．ここでは留数の方法を使えば，どの程度の計算で積分値が得られるかということを証明なしで説明する．

$$f(x) = (x-\alpha_1)^{k_1}(x-\bar{\alpha}_1)^{k_1} \cdots (x-\alpha_m)^{k_m}(x-\bar{\alpha}_m)^{k_m}$$

と因数分解する．ここで $\alpha_j = a_j + \sqrt{-1} b_j$，$\bar{\alpha}_j = a_j - \sqrt{-1} b_j$ ($b_j > 0$) とする．第 2 章 (9.3) により次のように書き表わせる：

$$\frac{h(x)}{f(x)} = \frac{A_1}{x-\alpha_1} + \cdots + \frac{A_m}{x-\alpha_m} + \cdots.$$

ここで $\cdots$ は $\frac{B}{(x-\alpha_j)^l}$ ($1 < l \leq k_j$) の形の項や $\frac{C}{(x-\bar{\alpha}_j)^l}$ ($1 \leq l \leq k_j$) の形の項を表しているが，いまの場合，必要としない項である．

さて，留数の方法によれば

(6.7) $$\int_{-\infty}^{\infty} \frac{h(x)}{f(x)} dx = 2\pi i (A_1 + \cdots + A_m) \qquad (i = \sqrt{-1})$$

となる．(x を複素変数 z に拡張したとき，上の A_j は $\frac{h(z)}{f(z)}$ の α_j における**留数**(residue)とよぶのである．) 例えば，$\int_{-\infty}^{\infty} \frac{1}{(x^2+1)^3} dx$ を計算するには

(6.8) $$\frac{1}{(x^2+1)^3} = \frac{1}{(x+i)^3(x-i)^3}$$
$$= \frac{-i}{8(x+i)^3} + \frac{-3}{16(x+i)^2} + \frac{3i}{16(x+i)}$$
$$+ \frac{i}{8(x-i)^3} + \frac{-3}{16(x-i)^2} + \frac{-3i}{16(x-i)}$$

の $\frac{1}{x-i}$ の係数 $\frac{-3i}{16}$ をとる．($(x^2+1)^3$ の根 i と $-i$ のうち虚数部分

が正なのは i だから $\dfrac{1}{x-i}$ の係数をとるのである．）　そうすれば

$$(6.9) \qquad \int_{-\infty}^{\infty} \frac{1}{(x^2+1)^3}\,dx = 2\pi i \times \left(-\frac{3i}{16}\right) = \frac{3\pi}{8}$$

となる．そのうえ，$\dfrac{1}{x-i}$ の係数を見つけるだけなら (6.8) を求めずにすませる簡単な方法がある．しかし，これらのことについては複素関数論の本の　留数を使う定積分の方法に関する章を読まれたい．

――――――――――――

ガンマ関数

広義積分の重要な例として

$$\int_0^{\infty} x^m e^{-x}\,dx \qquad (m \text{ は自然数})$$

を考える．部分積分を使って

$$\begin{aligned}
\int_0^{\infty} x^m e^{-x}\,dx &= \lim_{c \to \infty}\left\{\left[-x^m e^{-x}\right]_0^c + m\int_0^c x^{m-1} e^{-x}\,dx\right\} \\
&= \lim_{c \to \infty}\{-c^m e^{-c}\} + m\int_0^{\infty} x^{m-1} e^{-x}\,dx \\
&= m\int_0^{\infty} x^{m-1} e^{-x}\,dx.
\end{aligned}$$

（ $\lim_{c \to \infty}\{-c^m e^{-c}\} = 0$ は第 3 章 (9.3) で証明．）　以下同じ計算を繰り返して

$$(6.10) \qquad \int_0^{\infty} x^m e^{-x}\,dx = m(m-1)(m-2)\cdots 1 = m!$$

を得る．階乗 $m!$ は自然数 m に対して定義されるが，左辺の積分は m が正の実数であっても意味があるので，m の代りに t と書いて $\int_0^{\infty} x^t e^{-x}\,dx$（ $t>0$ ）を階乗の一般化として考える．習慣上，1 だけずらして**ガンマ関数**（gamma function）$\Gamma(t)$ を

$$(6.11) \qquad \Gamma(t) = \int_0^{\infty} x^{t-1} e^{-x}\,dx \qquad (t>0)$$

と定義する．

次に (6.11) の積分を求めよう．まず，$0 < t \leq 1$ の場合に積分 (6.11) を 0 から 1 までと，1 から ∞ までに分けて考える．部分積分により

$$\int_0^1 x^{t-1} e^{-x}\, dx = \left[\frac{1}{t} x^t e^{-x}\right]_0^1 + \frac{1}{t}\int_0^1 x^t e^{-x}\, dx$$

$$= \frac{e^{-1}}{t} + \frac{1}{t}\int_0^1 x^t e^{-x}\, dx$$

は問題なく定義される．一方，$1 \leq x < \infty$ の場合は $x^{t-1} \leq 1$ であるから $\int_1^\infty x^{t-1} e^{-x}\, dx$ も問題なく定義される．

次に $t > 1$ の場合は部分積分により

$$\int_0^\infty x^{t-1} e^{-x}\, dx = \left[-x^{t-1} e^{-x}\right]_0^\infty + (t-1)\int_0^\infty x^{t-2} e^{-x}\, dx$$

$$= (t-1)\int_0^\infty x^{t-2} e^{-x}\, dx$$

（ここで $\lim_{x\to\infty} x^{t-1} e^{-x} = 0$ は第 3 章 (9.3) から）．$t - 2 > 0$ なら同じことを繰り返し，結局 $0 < t < 1$ の場合に帰着する．以上の論議の際に

(6.12) $\quad \Gamma(t) = (t-1)\Gamma(t-1) \qquad (t > 1)$

も証明した．また (6.10) から明らかに

(6.13) $\quad \Gamma(m) = (m-1)!$

となり，ガンマ関数が階乗の一般化となっていることがわかる．

級数への応用

広義積分はまた級数の収束性の判定にも使うことができる．

定理 1 $f(x)$ を $1 \leq x < \infty$ で連続で $f(x) > 0$ かつ単調減少と仮定し，$u_n = f(n)$ ($n = 1, 2, 3, \cdots$) とおくと，

（ i ） 積分 $\int_1^\infty f(x)\, dx$ が存在すれば，級数 $\sum_{n=1}^\infty u_n$ も収束する．

（ ii ） 積分 $\int_1^\infty f(x)\, dx$ が発散すれば，級数 $\sum_{n=1}^\infty u_n$ も発散する．

証明 $n \geq 2$ としてグラフを描けば図 6.2 のようになる．この図から明らかに
$$\sum_{j=2}^{n} u_j \leq \int_1^n f(x)\,dx \leq \sum_{j=1}^{n-1} u_j.$$
$s_n = \sum_{j=1}^{n} u_j$ とおけば $s_n < s_{n+1}$ であるが，積分 $\int_1^\infty f(x)\,dx = \lim_{n\to\infty} \int_1^n f(x)\,dx$ が存在すれば，第 1 章 **6** 節の定理 3 により $\{s_n\}$ は収束する．

逆に，$\lim_{n\to\infty} \int_1^n f(x)\,dx = \infty$ ならば $\lim_{n\to\infty} \sum_{j=1}^{n-1} u_j = \infty$． $\diamondsuit$

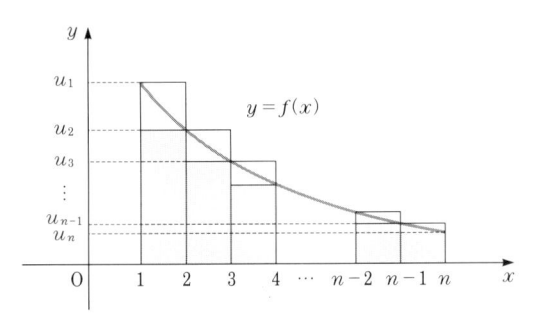

図 6.2

例えば，級数
$$(6.14) \qquad \sum_{n=1}^{\infty} \frac{1}{n^s} \qquad (s \text{ は実数})$$
は $s > 1$ ならば収束；$s \leq 1$ ならば発散することは
$$\int_1^n \frac{1}{x^s}\,dx = \begin{cases} \left[\dfrac{1}{-s+1} x^{-s+1}\right]_1^n = \dfrac{1}{-s+1} n^{-s+1} - \dfrac{1}{-s+1} & (s \neq 1), \\ \left[\log x\right]_1^n = \log n & (s = 1) \end{cases}$$
からすぐにわかる．$s = 1$（調和級数）の場合は第 1 章（7.8）でも証明した．

このように $\sum_{n=1}^{\infty} \dfrac{1}{n^{1+\varepsilon}}$ は ε がいかに小さくても正であれば収束するが，
$$(6.15) \qquad \sum_{n=2}^{\infty} \frac{1}{n \log n}$$
が発散することは $\int_2^n \dfrac{dx}{x \log x} = \left[\log(\log x)\right]_2^n = \log(\log n) - \log(\log 2)$ と上の定理から明らかである．

7. 関数列の微分と積分

関数列の収束

ある区間 $I^{1)}$ で定義された連続関数の列 $f_1, f_2, f_3, \cdots$ が各点 x で収束するとき,すなわち,$\lim_{n\to\infty} f_n(x)$ が存在するとき関数列 $\{f_n(x)\}$ は「**点ごとに**」収束するという.そのとき,

$$(7.1) \qquad f(x) = \lim_{n\to\infty} f_n(x)$$

で定義される関数 f は連続とは限らない.例えば図 7.1 のグラフのように,f_n を $|x| \geq \dfrac{1}{n}$ では 0,$f_n(0) = 1$;$|x| < \dfrac{1}{n}$ では点 $\left(-\dfrac{1}{n}, 0\right)$ と $\left(\dfrac{1}{n}, 0\right)$ を点 $(0,1)$ に直線で結ぶことによって定義する.そのとき $f(x) = \lim_{n\to\infty} f_n(x)$ は $x = 0$ で不連続である.すなわち,$f(0) = 1$ であるがほかの点 $x \neq 0$ では $f(x) = 0$ となる.

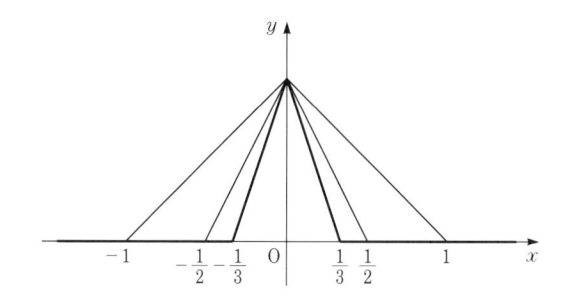

図 7.1

微積分で有用なのは点ごとの収束ではなく,次に説明する一様収束である.任意の $\varepsilon > 0$ に対し十分大きな N をとれば,すべての $n \geq N$,そしてすべての $x \in I$ に対して

$$(7.2) \qquad |f_n(x) - f(x)| < \varepsilon$$

---

1) 単に区間 I というときは区間の両端が含まれているときも,いないときもある.また,無限区間であってもよい.例えば,$a \leq x < b$,$a < x < \infty$,$-\infty < x < \infty$ などすべて許される.

となるとき，区間 I において $\{f_n\}$ は f に**一様収束**（uniformly convergent）するという．各点ごとの収束では与えられた ε と点 x に対し N が存在して，その x で $n \geq N$ に対し (7.2) が成り立つのであるが，<u>N は ε だけでなく x にも依存する</u>のである．図 7.1 の関数列の場合でいえば，x が 0 に近くなると より大きい N を選ぶ必要がある．一様収束においては，区間 I の<u>すべての点に共通に使える N がある</u>というのが要点である．点ごとの収束は直観的な極限の概念だけで定義できるが，一様収束の定義には「任意の $\varepsilon > 0$ に対し $\cdots$」という形が必要になる．

一様収束なら上の例のようなことは起きず，次の定理が成り立つ．

定理 1 ある区間 I で連続な関数列 $f_1, f_2, f_3, \cdots$ が関数 f に一様収束するならば，f も連続である．

証明 区間 I の任意の点 x_0 で f が連続であることを ε-δ の議論を使って証明する．$\varepsilon > 0$ が与えられたとする．$\{f_n\}$ が f に一様収束するから，十分大きな N をとれば すべての $x \in I$ と すべての $n \geq N$ に対して

$$(*) \qquad |f_n(x) - f(x)| < \frac{\varepsilon}{3}$$

となる．（ε の代りに $\varepsilon/3$ に対して一様収束の定義を使った．）f_N が I の任意の点 x_0 で連続だから十分小さい $\delta > 0$ をとれば，$|x - x_0| < \delta$ となる x に対し

$$(**) \qquad |f_N(x) - f_N(x_0)| < \frac{\varepsilon}{3}$$

となる．$(*)$ と $(**)$ から $|x - x_0| < \delta$ ならば

$$|f(x) - f(x_0)| \leq |f(x) - f_N(x)| + |f_N(x) - f_N(x_0)| + |f_N(x_0) - f(x_0)|$$
$$< \frac{\varepsilon}{3} + \frac{\varepsilon}{3} + \frac{\varepsilon}{3} = \varepsilon. \qquad \diamond$$

閉区間 $a \leq x \leq b$ でなく，$a < x \leq b$ とか $a \leq x < \infty$ のように区間の両端の少なくともどちらかが含まれていないような場合，そこで定義された連続関数の列の収束を考える場合には，その区間全域での一様収束という

7. 関数列の微分と積分

条件は実用上少し強過ぎる．通常，区間 I で定義された連続関数の列 $\{f_n\}$ が 関数 f に I に含まれるすべての閉区間 $a' \leq x \leq b'$ において一様収束するとき，I で**広義一様収束**（uniformly convergent on compacta）するという．区間 I そのものが閉区間である場合には広義一様収束も一様収束も同じことであるが，一般には広義一様収束しても一様収束するとは限らない．

例えば，区間 $0 \leq x \leq 1$ で関数列（図7.2）

(7.3) $\qquad f_n(x) = x^n \qquad (n = 1, 2, 3, \cdots)$

の極限 $\lim_{n\to\infty} f_n$ は $0 \leq x < 1$ で 0；$x = 1$ で 1 だから不連続である．当然（定理1により）この収束は一様収束ではあり得ない．区間 $0 \leq x < 1$ に限れば $f_n(x)$（$n = 1, 2, 3, \cdots$）は関数 $f(x) \equiv 0$ に広義一様収束するが一様収束しない．

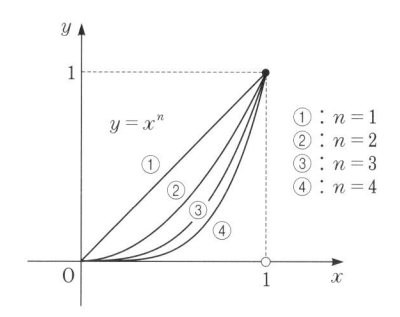

図7.2

まず，区間 $I: 0 \leq x < 1$ に含まれる閉区間 $0 \leq x \leq b$ で一様収束することを示す．$n \to \infty$ のとき $f_n(b) = b^n \to 0$ となるのは明らか．すなわち，任意の $\varepsilon > 0$ に対し十分大きい N をとれば すべての $n \geq N$ に対し $|f_n(b)| < \varepsilon$ となる．区間 $0 \leq x \leq b$ では すべての x に対し $|f_n(x)| \leq |f_n(b)|$ だから，この N は区間 $0 \leq x \leq b$ のすべての x に対して使える．すなわち，$n \geq N$ に対し $|f_n(x)| < \varepsilon$ である．$0 \leq x < 1$ では一様収束しないことは，いかに大きい n をとっても，$x \to 1$ のとき $x^n \to 1$ だから，例えば $\varepsilon = \dfrac{1}{2}$ としたとき $\dfrac{1}{2} < x^n < 1$ となる x があることからわかる．

定理 1′　定理1は広義一様収束という仮定で成り立つ．

証明　点 $x_0 \in I$ で f が連続であることを示す．x_0 を含み，I に含まれるような すべての閉区間 $a \leq x \leq b$ をとれば，定理1により $\{f_n\}$ はそこで連続関数に一様収束する．したがって f は x_0 で連続である．　◇

関数列の積分

一様収束しているときには 積分する操作と極限をとる操作の順序を入れ換えることができる．詳しくいうと次の定理が成り立つ．

定理 2　有限の区間 I で連続な関数の列 $f_1, f_2, f_3, \cdots$ が関数 f に一様収束しているとする．区間 I の点 c を1つ選び

$$F_n(x) = \int_c^x f_n(t)\, dt \qquad (n = 1, 2, 3, \cdots)$$

と定義する．そのとき，f も連続で 関数列 $\{F_n\}$ は関数

$$F(x) = \int_c^x f(t)\, dt$$

に一様収束する．

証明　f が連続なことは定理1で証明した．有限区間 I の長さを l とする．任意の $\varepsilon > 0$ に対し（一様収束の定義で ε を ε/l とすれば），十分大きな N があって，すべての $n \geq N$ と すべての $t \in I$ に対し

$$|f_n(t) - f(t)| < \frac{\varepsilon}{l}$$

が成り立つから，すべての $n \geq N$ と すべての $x \in I$ に対し

$$|F_n(x) - F(x)| = \left| \int_c^x \{f_n(t) - f(t)\}\, dt \right| < \left| \int_c^x |f_n(t) - f(t)|\, dt \right|$$

$$< \left| \int_c^x \frac{\varepsilon}{l}\, dt \right| \leq \frac{\varepsilon}{l} |x - c| \leq \frac{\varepsilon}{l} l = \varepsilon$$

となる．　◇

7. 関数列の微分と積分

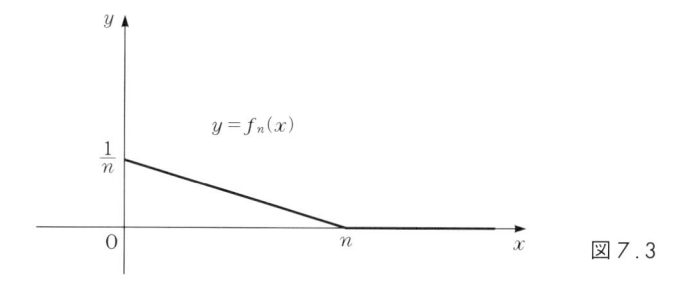

図7.3

ここで区間 I が無限でないという仮定は必要である．例えば，区間 $0 \leq x < \infty$ で f_n として，図7.3のグラフのように，$0 \leq x \leq n$ では点 $\left(0, \dfrac{1}{n}\right)$ と $(n, 0)$ を結ぶ直線で，$n \leq x < \infty$ では $f_n(x) = 0$ となる連続関数をとる．$|f_n(x)|$ の最大値は $\dfrac{1}{n}$ だから $\{f_n\}$ は $f(x) \equiv 0$ に一様収束する．したがって $F(x) = \displaystyle\int_0^x f(t)\,dt = 0$．しかし $F_n(x) = \displaystyle\int_0^x f_n(t)\,dt$ は F に一様収束はしない．なぜなら，$\varepsilon = \dfrac{1}{4}$ とすると いかに大きい n をとっても $n \leq x$ となる x に対しては，$f_n(t)$ の $t = 0$ から x までの積分は 0 から n までの積分と同じで，それは原点 $(0,0)$ と $(n, 0)$ および $\left(0, \dfrac{1}{n}\right)$ を頂点とする三角形の面積にほかならないから

$$F_n(x) = \int_0^x f_n(t)\,dt = \int_0^n f_n(t)\,dt = \frac{1}{2} > \varepsilon$$

となる．したがって $|F_n - F| > \varepsilon$ となってしまい，F_n は F に一様収束しない．しかし，任意の $R > 0$ に対し有限区間 $[0, R]$ では一様収束する．実際，任意の $\varepsilon > 0$ に対し n を $\dfrac{R}{\varepsilon}$ より大きく（すなわち $R < n\varepsilon$ と）とれば，f_n の最大値が $\dfrac{1}{n}$ であることから，$0 \leq x \leq R$ においては

$$F_n(x) = \int_0^x f_n(t)\,dt \leq \int_0^R \frac{1}{n}\,dt = \frac{R}{n} < \varepsilon$$

となる．したがって $|F_n - F| < \varepsilon$ が成り立つ．$F_n(x)$ を具体的に書かな

かったが，簡単な計算で

$$F_n(x) = \begin{cases} -\dfrac{1}{2n^2}x^2 + \dfrac{1}{n}x & (\,0 \leq x \leq n\,), \\ \dfrac{1}{2} & (\,n \leq x < \infty\,) \end{cases}$$

となることがわかる．そのグラフは図 7.4 のようになる．

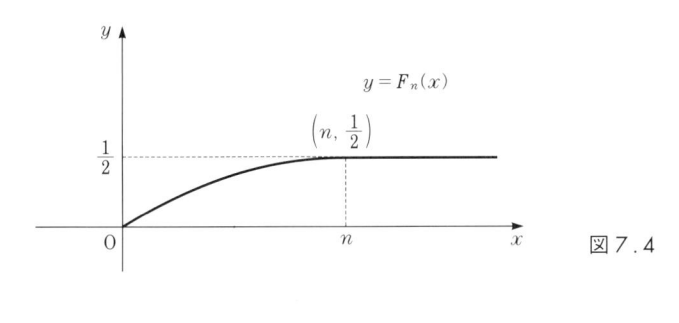

図 7.4

関数列の微分

さて，$\{f_n\}$ が f に一様収束していても，f_n の微分 f_n' と f の微分 f' の関係は積分の場合のように簡単ではない．例えば，

$$f_n(x) = \frac{1}{n}\sin nx$$

の場合，$|f_n(x)| = \dfrac{1}{n}|\sin nx| \leq \dfrac{1}{n}$ だから f_n は $f(x) \equiv 0$ に一様収束する．しかし，

$$f_n'(x) = \cos nx$$

だから $f_n'(0) = 1$．明らかに f_n' は $f'(x) \equiv 0$ に収束しない．（$\cos x$ は周期 2π で -1 と 1 の間を振動し，$\cos nx$ は周期 $\dfrac{2\pi}{n}$ で -1 と 1 の間を振動するから，f_n' はどのような関数にも収束しない．）

証明できるのは次のような定理である．

7. 関数列の微分と積分

定理 3 $\{f_n\}$ を有限区間 I で連続な関数列で
 (ⅰ) 各 f_n は 1 回微分可能で，微分 $f_n{}'$ も連続，
 (ⅱ) 各点 $x \in I$ で $\{f_n(x)\}$ は $f(x)$ に収束 (各点ごとの収束)，
 (ⅲ) $\{f_n{}'\}$ は I で g に一様収束

とする．そのとき，g は連続，f は 1 回微分可能で $f' = g$，そして $\{f_n\}$ は f に一様収束する．

証明 (ⅰ) と (ⅲ) から定理 1 により g は連続．
次に $f' = g$ を示す．$c \in I$ を 1 つ固定する．微積分の基本定理から

$$(*) \qquad \int_c^x f_n{}'(t)\,dt = f_n(x) - f_n(c).$$

$\{f_n{}'\}$ が g に一様収束しているから，定理 2 により $\int_c^x f_n{}'(t)\,dt$ は $\int_c^x g(t)\,dt$ に一様収束する．したがって，関数列 $\{f_n(x) - f_n(c)\}$ は $\int_c^x g(t)\,dt$ に収束する．一方，(ⅱ) により $\lim_{n\to\infty}\{f_n(x) - f_n(c)\} = f(x) - f(c)$ だから

$$(**) \qquad \int_c^x g(t)\,dt = f(x) - f(c).$$

これを微分すれば $g(x) = f'(x)$．

最後に $\{f_n\}$ が f に一様収束することを示す．$(*)$ と $(**)$ から

$$|f_n(x) - f(x)| \leq \left|\int_c^x \{f_n{}'(t) - g(t)\}\,dt\right| + |f_n(c) - f(c)|$$
$$\leq \left|\int_c^x |f_n{}'(t) - g(t)|\,dt\right| + |f_n(c) - f(c)|.$$

区間 I の長さを l とし，任意の $\varepsilon > 0$ に対し十分大きな N をとって，すべての $n \geq N$ に対し

$$|f_n{}'(t) - g(t)| < \frac{\varepsilon}{2l} \quad (t \in I) \quad \text{そして} \quad |f_n(c) - f(c)| < \frac{\varepsilon}{2}$$

となるようにする．そうすれば

$$|f_n(x) - f(x)| \leq \left|\int_c^x \frac{\varepsilon}{2l}\,dt\right| + \frac{\varepsilon}{2} \leq \frac{\varepsilon}{2l}|x - c| + \frac{\varepsilon}{2} \leq \frac{\varepsilon}{2} + \frac{\varepsilon}{2} = \varepsilon$$

となる． $\diamond$

8. 関数項級数，べき級数

関数項級数の収束，積分，微分

第1章 **7**節で数列 $u_1, u_2, u_3, \cdots$ の和 $\sum_{k=1}^{\infty} u_k$ を級数とよび，その収束について論じた．ここでは関数列 $u_1(x), u_2(x), u_3(x), \cdots$ の和 $\sum_{k=1}^{\infty} u_k(x)$ を**関数項級数**（function series）とよび，その収束，一様収束などを調べる．もちろん，関数 $u_1(x), u_2(x), u_3(x), \cdots$ は共通の区間で定義されているものとする．

級数の場合と同様，部分和
$$s_1(x) = u_1(x),$$
$$s_2(x) = u_1(x) + u_2(x),$$
$$\cdots\cdots\cdots$$
$$s_n(x) = u_1(x) + u_2(x) + \cdots + u_n(x)$$
$$\cdots\cdots\cdots\cdots$$

を考え，関数列 $s_1(x), s_2(x), s_3(x), \cdots$ が $s(x)$ に 各点ごとに収束，一様収束あるいは広義一様収束するとき，関数項級数 $\sum_{k=1}^{\infty} u_k(x)$ が $s(x)$ に**各点ごとに収束，一様収束**あるいは**広義一様収束**するという．そして前節の結果を関数列 $s_1(x), s_2(x), s_3(x), \cdots$ に適用して次の諸定理を得る．

定理1 関数列 $u_1(x), u_2(x), u_3(x), \cdots$ が区間 I で連続で，関数項級数 $\sum_{k=1}^{\infty} u_k(x)$ が関数 $s(x)$ に I で広義一様収束するならば，関数 $s(x)$ も連続である．

証明 **7**節の定理1と定理1′を，部分和の関数列 $\left\{s_n = \sum_{k=1}^{n} u_k\right\}$ に適用すればよい． ◇

8. 関数項級数，べき級数

定理2 有限区間 I で連続な関数列 $u_1(x), u_2(x), u_3(x), \cdots$ から成る級数 $\sum_{k=1}^{\infty} u_k(x)$ が I で関数 $s(x)$ に一様収束しているとする．I の1点 c を選び

$$U_n(x) = \int_c^x u_n(t)\, dt$$

と定義する．そのとき $s(x)$ も連続で関数項級数 $\sum_{k=1}^{\infty} U_n(x)$ は関数

$$S(x) = \int_c^x s(t)\, dt$$

に一様収束する．

証明 $s_n = \sum_{k=1}^{n} u_k$, $S_n(x) = \int_c^x s_n(t)\, dt$ とおく．有限和に対しては明らかに

$$S_n(x) = \sum_{k=1}^{n} U_k(x).$$

関数項級数の一様収束の定義により $\{s_n(x)\}$ は $s(x)$ に一様収束しているから，**7**節の定理2により $\{S_n(x)\}$ は $S(x)$ に一様収束する．これは $\sum_{k=1}^{\infty} U_k(x)$ が $S(x)$ に一様収束するということにほかならない． ◇

このことを，一様収束している関数項級数 $\sum_{k=1}^{\infty} u_k(x)$ の積分は項別に積分すなわち**項別積分**すればよいといい表わす．

次の**項別微分**に関する定理も **7** 節の定理3から全く同様に証明される．

定理3 $u_1, u_2, u_3, \cdots$ を有限区間 I で連続で

(ⅰ) 各 u_n は1回微分可能で，微分 $u_n{'}$ も連続，

(ⅱ) 各点 $x \in I$ で級数 $\sum_{k=1}^{\infty} u_k(x)$ は $s(x)$ に収束（各点ごとの収束），

(ⅲ) 関数項級数 $\sum_{k=1}^{\infty} u_k{'}(x)$ は I で関数 $t(x)$ に一様収束

するとする．そのとき，$t(x)$ は連続，$s(x)$ は1回微分可能で $s'(x) = t(x)$, そして $\sum_{k=1}^{\infty} u_k(x)$ は $s(x)$ に一様収束する．

べき級数の収束,微分,積分

関数列を $u_0(x) = c_0$, $u_1(x) = c_1(x-a)$, $u_2(x) = c_2(x-a)^2$, $\cdots$ としたとき,

(8.1) $$\sum_{k=0}^{\infty} c_k(x-a)^k$$

の形をした関数項級数を**べき級数**(power series)とよぶ.上の結果(定理1〜3)をべき級数に応用する前に次の定理を必要とする.

定理4 べき級数 $\sum_{k=0}^{\infty} c_k(x-a)^k$ が $x = x_1(\neq a)$ で収束すると仮定し,$R = |x_1 - a|$ とおく.そのとき $\sum_{k=0}^{\infty} |c_k||x-a|^k$ は区間 $|x-a| < R$ で広義一様収束する.

証明 $\sum_{k=0}^{\infty} c_k(x_1-a)^k$ が収束するから,$n \to \infty$ のとき $c_n(x_1-a)^n \to 0$(第1章 **7** 節の定理1の系).したがって,十分大きい数 K をとれば,すべての k に対して

(∗) $$|c_k|R^k = |c_k(x_1-a)^k| \leq K$$

が成り立っている.区間 $|x-a| < R$(すなわち,$a - R < x < a + R$)に含まれる(すべての)閉区間は $a - r_1 \leq x \leq a_1 + r_2$ ($r_1, r_2 < R$)の形をしているから,r_1, r_2 の大きい方を r と書けばこの閉区間は $a - r \leq x \leq a + r$ (すなわち $|x-a| \leq r$)に含まれる.したがって $\sum_{k=0}^{\infty} |c_k(x-a)|^k$ が $|x-a| \leq r < R$ で一様収束することを証明すればよく,第1章 **7** 節の定理4によれば $\sum_{k=0}^{\infty} |c_k| r^k$ が収束することを証明すれば十分である.(∗)から

$$|c_k| r^k = |c_k| R^k \left(\frac{r}{R}\right)^k \leq K\left(\frac{r}{R}\right)^k.$$

したがって,再び第1章 **7** 節の定理4により $\sum_{k=1}^{\infty} K\left(\frac{r}{R}\right)^k$ が収束することを示せばよい.$\left|\frac{r}{R}\right| < 1$ だから幾何級数 $\sum_{k=0}^{\infty} K\left(\frac{r}{R}\right)^k$ は $K/\left(1 - \frac{r}{R}\right)$ に収束する. ◇

上の定理 4 で $\sum_{k=0}^{\infty}|c_k||x-a|^k$ は $|x-a| \leq R$ においては（すなわち，区間の両端でも）収束するとは限らない．例えば，$\sum_{k=1}^{\infty}\dfrac{x^k}{k}$ は $x=-1$ では $\sum_{k=1}^{\infty}\dfrac{(-1)^k}{k}=-\left(1-\dfrac{1}{2}+\dfrac{1}{3}-\dfrac{1}{4}+\cdots\right)$ となり収束する（第 1 章 (7.9)）が，$x=1$ では $\sum_{k=1}^{\infty}\dfrac{1}{k}$ となり発散する（第 1 章 (7.8)）．上の定理によれば，$\sum_{k=1}^{\infty}\dfrac{x^k}{k}$ は区間 $|x|<1$ においては広義一様収束するのである．

定理 5 べき級数 $\sum_{k=0}^{\infty}c_k(x-a)^k$ が区間 $|x-a|<R$（$R>0$）の各点で収束すると仮定し，$f(x)=\sum_{k=0}^{\infty}c_k(x-a)^k$ と書く．そのとき，

（ⅰ） $\sum_{k=0}^{\infty}|c_k||x-a|^k$ は $|x-a|<R$ で広義一様収束し，$f(x)$ は連続である．

（ⅱ） $f(x)$ は何回でも微分可能であって，第 m 階の微分はべき級数 $\sum_{k=0}^{\infty}c_k(x-a)^k$ を m 回項別に微分して得られる，すなわち

$$f^{(m)}(x)=\sum_{k=m}^{\infty}k(k-1)\cdots(k-m+1)\,c_k(x-a)^{k-m}$$

$$(\,|x-a|<R\ \text{で広義一様収束}\,).$$

（ⅲ） $c_k=\dfrac{f^{(k)}(a)}{k!}$ である．

（ⅳ） 区間 $|x-a|<R$ において

$$F(x)=\int_a^x f(t)\,dt$$

と定義すれば，$F(x)$ は $\sum_{k=0}^{\infty}c_k(x-a)^k$ の項別積分によって得られる，すなわち

$$F(x)=\sum_{k=0}^{\infty}\int_a^x c_k(t-a)^k\,dt=\sum_{k=0}^{\infty}\dfrac{1}{k+1}\,c_k(x-a)^{k+1}.$$

証明 (i) $0 < r < R$ として，閉区間 $|x-a| \leq r$ で一様収束することを証明すればよい．$r < |x_1 - a| < R$ となるように x_1 をとれば，仮定により $\sum_{k=0}^{\infty} c_k(x_1 - a)^k$ も収束するから，定理4の証明からわかるように $\sum_{k=0}^{\infty} |c_k||x-a|^k$ は $|x-a| \leq r$ で一様収束する．定理1により $f(x)$ は連続．

(ii) $u_k(x)$ を $c_k(x-a)^k$, I を $|x-a| \leq r$ とすると定理3の条件(i), (ii) は成り立っている．定理3の条件(iii)も満たされていることを示すため $\sum_{k=1}^{\infty} |u_k'(x)| = \sum_{k=1}^{\infty} k|c_k||x-a|^{k-1}$ が $|x-a| \leq r$ で一様収束することを証明する．$r < r_1 < R$ となるような r_1 をとり，

$$\sum_{k=1}^{\infty} |c_k| r_1^k \quad \text{と} \quad \sum_{k=1}^{\infty} k|c_k| r^{k-1}$$

の収束を比率判定法を使って較べる．（収束性を調べるのだから，$\sum_{k=0}^{\infty} |c_k| r_1^k$ の第1項 $|c_0|$ を消して考えてよい．）第1章7節の定理5を $u_k = |c_k| r_1^k$, $v_k = k|c_k| r^{k-1}$ として適用する．

$$\frac{u_{k+1}}{u_k} = \left|\frac{c_{k+1}}{c_k}\right| r_1, \qquad \frac{v_{k+1}}{v_k} = \left|\frac{c_{k+1}}{c_k}\right| \frac{k+1}{k} r$$

だから，k を十分大きくとれば $\frac{k+1}{k}$ は1に近くなり $\frac{k+1}{k} < \frac{r_1}{r}$ となる．そうすれば

$$\frac{v_{k+1}}{v_k} < \frac{u_{k+1}}{u_k}$$

が成り立つ．一方，(i) により $\sum_{k=0}^{\infty} |c_k| r_1^k (= \sum u_k)$ は収束しているから，第1章7節の定理5により $\sum_{k=1}^{\infty} k|c_k| r^{k-1} (= \sum v_k)$ も収束する．したがって，$\sum k|c_k||x-a|^{k-1}$ は $|x-a| \leq r$ で一様収束するから，

$$g(x) = \sum_{k=1}^{\infty} kc_k(x-a)^{k-1} \qquad (|x-a| \leq r)$$

とおけば定理3により，$|x-a| \leq r$ で $g(x)$ は連続，$f(x) = \sum_k c_k(x-a)^k$ は微分可能で $f'(x) = g(x)$ である．$r \,(<R)$ はいくらでも R に近くとれるから，これは $|x-a| < R$ で成り立っている．

今度は $f(x)$ の代りに $f'(x)(=g(x))$ に対して以上の議論を繰り返し，次には $f''(x)$ に対して… というように続ければ (ii) が証明される．

(iii) これは (ii) から明らかである．

(iv) 区間 $|x-a|<R$ 内の点 x_0 をきめて，r を $|x_0-a|<r<R$ となるように選ぶ．閉区間 $|x-a|\leq r$ で $\sum_{k=0}^{\infty} c_k(x-a)^k$ は一様収束しているから，定理 2 により

$$F(x_0) = \sum_{k=0}^{\infty} \int_a^{x_0} c_k(t-a)^k \, dt$$

となる． ◇

$\tan^{-1} x$ のテイラー展開

定理 5 の応用として $F(x) = \tan^{-1} x$ のテイラー展開を求める．

(8.2) $\qquad F'(x) = \dfrac{d}{dx}\tan^{-1} x$

$\qquad\qquad = \dfrac{1}{1+x^2}$

$\qquad\qquad = 1 - x^2 + x^4 - x^6 + x^8 - \cdots \qquad (\,|x|<1\,)$.

$F'(x)$ を上の定理 5 の $f(x)$ とすれば，$\dfrac{1}{1+x^2}$ のべき級数展開を項別に積分して

$\qquad F(x) = \tan^{-1} x$

$\qquad\qquad = C + x - \dfrac{1}{3}x^3 + \dfrac{1}{5}x^5 - \dfrac{1}{7}x^7 + \dfrac{1}{9}x^9 - \cdots \qquad (\,|x|<1\,)$

を得る．$\tan^{-1} 0 = 0$ だから (第 2 章 **3** 節参照)，上の C は 0 で

(8.3) $\qquad \tan^{-1} x = x - \dfrac{1}{3}x^3 + \dfrac{1}{5}x^5 - \dfrac{1}{7}x^7 + \dfrac{1}{9}x^9 - \cdots$

$\qquad\qquad\qquad\qquad\qquad\qquad (\,|x|<1\,)$

となる．

$\tan\dfrac{\pi}{6} = \dfrac{1}{\sqrt{3}}$ だから，(8.3) で $x = \dfrac{1}{\sqrt{3}}$ とおけば，$\tan^{-1}\left(\dfrac{1}{\sqrt{3}}\right) = \dfrac{\pi}{6}$ よ

り

(8.4) $$\frac{\pi}{6} = \frac{1}{\sqrt{3}}\left(1 - \frac{1}{3\cdot 3} + \frac{1}{5\cdot 3^2} - \frac{1}{7\cdot 3^3} + \frac{1}{9\cdot 3^4} - \cdots\right)$$

となり，π の級数展開を得る．

次に，$\tan\frac{\pi}{4} = 1$ だから，(8.3) で $x = 1$ とおけば

(8.5) $$\frac{\pi}{4} = 1 - \frac{1}{3} + \frac{1}{5} - \frac{1}{7} + \frac{1}{9} - \cdots$$

を得る．しかし (8.3) が定理 5 で保証されているのは $|x| < 1$ の範囲でだけだから，(8.3) が $x = 1$ でも成り立つことを示すには別の証明が必要である．そこで

$$\frac{1}{1+t^2} - (1 - t^2 + t^4 - t^6 + \cdots + (-t^2)^n)$$
$$= \frac{1}{1+t^2} - \frac{1-(-t^2)^{n+1}}{1+t^2}$$
$$= \frac{(-t^2)^{n+1}}{1+t^2}$$

を 0 から x まで積分して（有限個の項の和だから問題はない）

$$\tan^{-1} x - \left(x - \frac{x^3}{3} + \frac{x^5}{5} - \frac{x^7}{7} + \cdots + (-1)^n \frac{x^{2n+1}}{2n+1}\right)$$
$$= \int_0^x \frac{(-t^2)^{n+1}}{1+t^2}\, dt.$$

ここで $x = 1$ とおけば

$$\left|\frac{\pi}{4} - \left(1 - \frac{1}{3} + \frac{1}{5} - \frac{1}{7} + \cdots + (-1)^n \frac{1}{2n+1}\right)\right|$$
$$= \left|\int_0^1 \frac{(-t^2)^{n+1}}{1+t^2}\, dt\right|$$
$$\leq \int_0^1 t^{2n+2}\, dt = \frac{1}{2n+3}.$$

ここで $n \to \infty$ とすれば (8.5) を得る．

(8.5) は**グレゴリーの公式**(Gregory's formula)，(1668 年) とよばれ，π の近似値の計算に用いられた．それ以前は，1900 年近くもの間，アルキメデスによる正多角形の周囲の長さを計算する方法が π の近似値を求める唯一の方法であった．

$\log(1+x)$ のテイラー展開 (5.6) も同様に定理 5 を使えば

$$\frac{d}{dx}\log(1+x) = \frac{1}{1+x}$$
$$= 1 - x + x^2 - x^3 + \cdots \quad (\,|x|<1\,)$$

を積分するという方法で簡単に得られる．

既に (第 1 章 **5** 節) で述べたように，ボルツァーノは早くから収束とか連続の現代風な定義を導入したが認められなかった．後れて同様の概念に到達したコーシーは多作で，本，論文，講義により微積分の基礎を固め，その功績は広く認められた．しかし，そのコーシーでさえも一様収束，一様連続の概念にまでは到達せず，連続関数を項とする級数が単に収束しているだけで その極限 (和) が連続であると Cours d'Analyse (1821 年) の中で述べ，アーベルに誤りを指摘されたのは有名である．またコーシーは連続関数の定積分を **4** 節の記号で書けば $\sum f(x_i)\varDelta_i x$ の極限として定義したが，一様連続の概念をもっていなかったのでその存在証明は不完全であった．コーシーの仕事はワイヤシュトラスによりさらに厳密化された．

もっと一般に有界関数の積分は **4** 節のように後に Riemann<ruby>（リーマン）</ruby>(1826 - 1866) により与えられ，リーマン積分 (1854 年) は半世紀後に Lebesgue<ruby>（ルベーグ）</ruby> (1875 - 1941) のルベーグ積分へと発展したのであるが，ここではこれ以上のことは述べられない．

9. 複素べき級数

ここまでは実係数,実変数の べき級数を考えたが,べき級数は複素数にまで拡げて考えるのが最も自然なのである. a, c_k ($k=0,1,2,\cdots$) を複素数; $z=x+iy$ ($i=\sqrt{-1}$) を複素変数としたとき,

$$(9.1) \qquad \sum_{k=0}^{\infty} c_k(z-a)^k$$

の形をしたものが**複素べき級数**(complex power series)である. 収束,一様収束,絶対収束などの定義は 実べき級数の場合のものがそのまま通用するし,前節の定理 4, 5 も証明まで含めて複素べき級数の場合に成り立つ. 特に (9.1) が 1 点 $z_0 \neq a$ で収束すれば $|z_0-a|=R$ とおいたとき, (9.1) は $|z-a|<R$ で絶対収束し, $0<R'<R$ なら $|z-a|\leq R'$ において

$$(9.2) \qquad \sum_{k=0}^{\infty} |c_k||z-a|^k$$

は一様収束するのである. そのとき $|z-a|<R$ で定義される関数

$$f(z) = \sum_{k=0}^{\infty} c_k(z-a)^k$$

が複素関数論の対象となる**解析関数**(analytic function)である.

べき級数 (9.1) が $z_0 \neq a$ で収束すれば $R=|z_0-a|$ とおくとき (9.1) は, $|z-a|<R$ で絶対収束するが,逆に (9.1) が $z_0 \neq a$ で発散すれば (すなわち収束しなければ), $|z-a|>R$ の各点で (9.1) は発散する. なぜなら, $|z_1-a|>R$ となる 1 点 z_1 で収束したら $|z-a|<|z_1-a|$ となるようなすべての点 z で収束する. $|z_0-a|<|z_1-a|$ だから z_0 で収束して矛盾である. よって, (9.1) の収束に関して次の 3 つの場合が考えられる:

(i) $z=a$ 以外では発散する.

(ii) すべての $z(|z-a|<\infty)$ で絶対収束する.

(iii) ある $R>0$ が存在し, $|z-a|<R$ で絶対収束; $|z-a|>R$ で発散する.

9. 複素べき級数

べき級数 (9.1) の**収束半径**(radius of convergence)は (i) の場合には 0;(ii) の場合には ∞;(iii) の場合には R であるという.

(iii) の場合,円 $|z-a|=R$ の点では一般には収束するときも発散するときもある.例えば,複素べき級数

$$(9.3) \qquad z - \frac{z^2}{2} + \frac{z^3}{3} - \frac{z^4}{4} + \frac{z^5}{5} - \cdots\cdots$$

は,213 ページでも述べたように,$z=1$ で収束するが $z=-1$ では発散するから,収束半径は 1 である.

指数関数 e^x のテイラー展開(第 3 章 (10.12))において x を複素変数 z で置き換え,

$$(9.4) \qquad e^z = 1 + z + \frac{z^2}{2!} + \frac{z^3}{3!} + \frac{z^4}{4!} + \cdots\cdots$$

によって複素数 z に対して e^z を定義することができる.このべき級数は z が実数のとき収束することを知っているから,上の 3 つの可能性のうちの(ii)でなければならず,すべての複素数 z で絶対収束する.

(9.4) で $z=ix$ とおけば

$$e^{ix} = 1 + ix - \frac{x^2}{2!} - \frac{ix^3}{3!} + \frac{x^4}{4!} + \frac{ix^5}{5!} - \frac{x^6}{6!} - \frac{ix^7}{7!} + \cdots\cdots$$
$$= \left(1 - \frac{x^2}{2!} + \frac{x^4}{4!} - \frac{x^6}{6!} + \cdots\right) + i\left(x - \frac{x^3}{3!} + \frac{x^5}{5!} - \frac{x^7}{7!} + \cdots\right)$$

となる(絶対収束しているから足し算の順を変えてもよい).$\sin x$ と $\cos x$ のテイラー展開(第 3 章の (10.13) と (10.14))を使えば上の式は

$$(9.5) \qquad e^{ix} = \cos x + i \sin x$$

と書ける.これが有名な**オイラーの公式**(Euler's formula)である.

任意の複素数 z は極座標 (r,θ) を使って $z = r(\cos\theta + i\sin\theta)$ と書ける(第 2 章 (7.5))から

$$(9.6) \qquad z = re^{i\theta}$$

と書いてもよいわけである.

指数関数の最も重要な性質である指数公式

(9.7) $\qquad e^{z+w} = e^z e^w$

は複素数 z, w に対しても成り立つ（第 2 章 (4.10) 参照）．これは次のように証明される：

$$e^z e^w = \sum_{l=0}^{\infty} \frac{z^l}{l!} \sum_{m=0}^{\infty} \frac{w^m}{m!} = \sum_{n=0}^{\infty} \left[\sum_{l+m=n} \frac{z^l w^m}{l! \, m!} \right]$$
$$= \sum_{n=0}^{\infty} \frac{(z+w)^n}{n!} = e^{z+w}.$$

ただし，ここで [ ] の中は二項定理により

$$(z+w)^n = \sum_{l+m=n} \frac{n!}{l! \, m!} z^l w^m = n! \sum_{l+m=n} \frac{1}{l! \, m!} z^l w^m$$

となることを使った．（このように足し算の順序を自由に変えることができるのは (9.4) が絶対収束しているからである．）

(9.7) を $z = x + iy$ に適用すれば

(9.8) $\qquad e^z = e^x e^{iy} = e^x(\cos y + i \sin y)$

となる．これから すべての z に対して $e^z \neq 0$ であることがわかる．逆に $w \neq 0$ とすると $e^z = w$ となるような z が存在する．なぜなら，極座標 (ρ, φ) を使って $w = \rho(\cos \varphi + i \sin \varphi)$ と表わし，$e^x = \rho$ となる実数 x をとり，$y = \varphi$ とすれば (9.8) により $e^{x+iy} = w$ となる．$e^x = \rho$ となる x は ただ 1 つあるが，$\cos \varphi = \cos y$，$\sin \varphi = \sin y$ となる y は一意に定まらない．y_0 が上の等式を満たす 1 つの解とすれば，一般の解 y は

$$y = y_0 + 2k\pi \qquad (k\text{ は整数})$$

で与えられる．0 でない複素数の集合を $\mathbf{C}^*$ と表わすと以上のことは次のようにまとめられる．

定理 1 関数 $w = e^z$ は $\mathbf{C}$ で定義され，$\mathbf{C}^*$ に値をとる．すべての $w \in \mathbf{C}^*$ に対し $w = e^z$ の解 z が存在し，すべての解は $z + 2k\pi i$（$z \in \mathbf{Z}$）で与えられる．

実変数の場合，与えられた $y>0$ に対し $y=e^x$ となる実数 x が ただ1つあるので，$x=\log y$ と書いて対数関数 $\log$ が一意に定義された．複素変数の場合は $w=e^z$ から $z=\log w$ を一意的には定義できない．しかし，$x+iy=\log w$ の虚数部分 y に $0\leq y<2\pi$ という条件を付ければ z は一意に定まる．これ以上のことは複素関数論の本を見られたい．

オイラーは公式 (9.5) を次のように証明した（1748年）．ドゥ・モアブルの公式（第 2 章 (7.9)）により

$$\cos\theta+i\sin\theta=\left(\cos\frac{\theta}{n}+i\sin\frac{\theta}{n}\right)^n.$$

ここで $n\to\infty$ とすると $\dfrac{\theta}{n}\to 0$ だから，$\cos\dfrac{\theta}{n}$ は 1 に近づき，$\sin\dfrac{\theta}{n}$ は $\dfrac{\theta}{n}$ に近づくから，上の式の右辺は $n\to\infty$ のとき

$$\lim_{n\to\infty}\left(1+\frac{i\theta}{n}\right)^n$$

となる．これは e の定義によれば（第 3 章 (6.8) で，$k=\dfrac{1}{n}$, $x=i\theta$ として）$e^{i\theta}$ に等しくなる．

このようにオイラーは，収束とか極限の概念が まだ確立されていない時代に，形式的に計算をうまくやることにより いろいろの公式を証明したのである．複素変数の指数関数を自由に使うようにしたのもオイラーである．

収束，連続などの概念が強く意識されるようになったのは 19 世紀に入ったころからである（前節の囲み記事参照）．

索　引

イ　オ

e　67, 124, 128
一様収束　uniformly convergent　204
一様連続　uniformly continuous　45
オイラーの公式　Euler's formula　219

カ

解析関数　analytic function　218
下界　lower bound　8
下限　greatest lower bound　8
加法公式　law of addition　50
関数　function　36
ガンマ関数　gamma function　200

キ

幾何級数　geometric series　28
逆関数　inverse function　55, 56, 114
　——定理　—— theorem　115
逆三角関数　inverse trigonometric function　55, 119, 215
級数　series　23
共役　conjugate　77
極限　limit　12

ケ　コ

極小　local minimum　135
極大　local maximum　134
虚部　imaginary part　77

原始関数　primitive function, antiderivative　162
広義一様収束　uniformly convergent on compacta　205
広義積分　improper integral　194
合成　composition　39, 112
交代調和級数　alternating harmonic series　32
勾配　slope　100
コーシーの判定法　Cauchy's criterion　28
コーシー列　Cauchy sequence　13

サ　シ

三角関数　trigonometric function　47, 116, 156
指数関数　exponential function　58, 124, 155
指数公式　law of exponents　60
自然数　natural number　2
自然対数　natural logarithm　125
実数　real number　5, 9

索　引　223

実部　real part　77
収束　convergent　12, 15, 26
　——（関数項級数の）　210
　——（関数列の）　203
　——半径　radius of convergence　219
主値　principal value　55
主偏角　principal argument　78
上界　upper bound　8
上限　least upper bound　8
条件収束　conditionally convergent　26
剰余項　remainder term　154, 184

ス　セ　ソ

数列　sequence of numbers　11
整数　integer　2
絶対収束　absolutely convergent　26
絶対値　absolute value　77
切断　cut　9
双曲線関数　hyperbolic function　70, 126, 156

タ　チ

対数関数　logarithmic function　65, 125, 157, 185
対数公式　law of logarithms　66
代数学の基本定理　fundamental theorem of algebra　80
ダランベールの判定法　d'Alembert's criterion　29

置換積分　integration by substitution　165
中間値の定理　intermediate value theorem　42
調和級数　harmonic series　31

テ　ト

底　base　66
定積分　definite integral　179
テイラー級数　Taylor series　154, 184
テイラー多項式　Taylor polynomial　152
テイラー展開　Taylor expansion　154, 184
テイラーの公式　Taylor's formula　152, 184
ディリクレの定理　theorem of Dirichlet　30
ドゥ・モアブルの定理　theorem of De Moivre　80
凸　convex　136

ニ

二項級数　binomial series　188

ハ　ヒ

発散　divergent　12, 27
比　ratio　3
微積分学の基本定理　fundamental theorem of calculus　181
微分　derivative　101

微分可能　differentiable　103
標準形(有理関数の)　standard form　90
比率判定法　ratio test　27

フ

複素数　complex number　77
不定積分　indefinite integral　162
部分積分　integration by parts　168
部分列　subsequence　11
部分和　partial sum　24

ヘ

平均値定理　mean value theorem　140, 142
べき級数　power series　212, 218
偏角　argument　78
変曲点　point of inflection　138
ボルツァーノ・ワイヤシュトラスの定理　theorem of Bolzano-Weierstrass　19

ユ

有界(上に)　bounded from above　8
——(下に)　bounded from below　8
有理関数　rational function　38, 90, 171
有理数　rational number　3

ラ リ

ライプニッツの公式　Leibniz' formula　131
ラジアン　radian　48
留数　residue　199

レ ロ

連鎖律　chain rule　112
連続　continuous　36, 44
ロピタルの法則　L'Hospital's rule　143, 146
ロルの定理　Rolle's theorem　139

ワ

ワイヤシュトラスの定理　theorem of Weierstrass　40

著者略歴

小林　昭七
(こばやししょうしち)

1932年 山梨県出身．東京大学理学部数学科卒業．パリとストラスブルグに留学(仏政府招聘)，ワシントン大学大学院で研究．1956年 Ph.D. プリンストン高級研究所所員(1956～58)，MIT 研究員(1958～59)，ブリティッシュ・コロンビア大学助教授(1960～62)，1962年よりカリフォルニア大学バークレー校の助教授，副教授，教授を経て，同校の大学院教授．(数学科主任(1978～81))

Sloan Fellow (1964.7～1966.6)，Guggenheim Fellow (1977.7～1978.6)，Fellow of the Japan Society for Promotion of Sciences (1981.9～1981.12)．幾何学賞受賞(1987)，Alexander von Humboldt 賞 (1992)

主な著書：Foundations of Differential Geometry, vol I (1963), vol II (1969) (野水克己氏と共著)(John Wiley & Sons), Hyperbolic Manifolds and Holomorphic Mappings (1970) (Marcel Dekker), Transformation Groups in Differential Geometry (1972) (Springer), Differential Geometry of Complex Vector Bundles (1987) (Iwanami/Princeton Univ. Press), 接続の微分幾何とゲージ理論(1989)(裳華房)，ユークリッド幾何から現代幾何へ(1990)(日本評論社)，曲線と曲面の微分幾何(1995, 改訂版)(裳華房)，Hyperbolic Complex Spaces (1998) (Springer), 円の数学(1999)(裳華房)．

微分積分読本 — 1変数 —

2000年4月25日	第 1 版	発行
2009年1月15日	第 8 版	発行
2022年3月15日	第8版7刷	発行

検印省略

定価はカバーに表示してあります．

増刷表示について
2009年4月より「増刷」表示を『版』から『刷』に変更いたしました．詳しい表示基準は弊社ホームページ
http://www.shokabo.co.jp/
をご覧ください．

著作者	小林　昭七
発行者	吉野　和浩
発行所	東京都千代田区四番町8-1 電話　03-3262-9166 株式会社　裳華房
印刷所	横山印刷株式会社
製本所	牧製本印刷株式会社

一般社団法人
自然科学書協会会員

JCOPY 〈出版者著作権管理機構 委託出版物〉
本書の無断複製は著作権法上での例外を除き禁じられています．複製される場合は，そのつど事前に，出版者著作権管理機構(電話03-5244-5088, FAX03-5244-5089, e-mail: info@jcopy.or.jp)の許諾を得てください．

ISBN978-4-7853-1521-4

© 小林昭七, 2000　　Printed in Japan

続 微分積分読本 －多変数－

小林昭七 著　Ａ５判／226頁／定価 2530円（税込）

　姉妹書『微分積分読本 －１変数－』と同じ執筆方針をとって，自習書として使えるように，証明はできるだけ丁寧に説明した．教育的な立場と物理への応用を考慮して，n 変数による一般論を避け，２変数と３変数の場合で解説した．

【主要目次】
1. **偏微分**
   ２変数関数の連続性／偏微分／方向微分，全微分／連鎖律，平均値定理／陰関数定理／多変数の陰関数と逆変換／高次の偏微分／テイラー展開／２次対称行列の固有値／２変数関数の極大，極小／制約条件付きの最大，最小
2. **重積分**
   ２重積分／累次積分／変数変換（２次元の場合）／極座標による積分／３重積分と体積／３次元ベクトル空間／変数変換（３次元の場合）／微分と積分の可換性
3. **曲面**
   空間内の曲線と曲面／２次曲面／曲線の長さ／曲面の面積／曲面の面積－実例
4. **線積分，面積分，体積分の関係**
   線積分／グリーンの定理（平面領域の場合）／ベクトル場／グリーンの定理（ベクトル場表示）／ストークスの定理（曲面領域の場合）／ガウスの発散定理／微分形式

微分積分リアル入門 －イメージから理論へ－

髙橋秀慈 著　Ａ５判／256頁／定価 2970円（税込）

　本書では微分積分学について「どうしてそのようなことを考えるのか」という動機から始め，数式や定理のもつ意味合いや具体例までを述べ，一方，今日完成された理論のなかでは必ずしも必要とならないような事柄も説明することによって，ひとつの数学理論が出来上がっていく過程や背景を追跡した．
　ε-δ 論法のような難解とされる数学表現も「言葉」で解説し，直観的イメージを伝えながら，数式や定理の意義，重要性を述べた．

【主要目次】
第Ⅰ部 **基礎と準備**（不定形と無限小／微積分での論理／ε-δ 論法）
第Ⅱ部 **本論**（実数／連続関数／微分／リーマン積分／連続関数の定積分／広義積分／級数／テーラー展開）

数学シリーズ 微分積分学

難波 誠 著　Ａ５判／338頁／定価 3080円（税込）

　本書は，「正攻法で微分積分学の教科書を書きたい」と考えていた筆者によって執筆された．
　高校で微分積分の初歩を既に学んできた読者を対象に，大学１年で学ぶ平均的内容をまとめたが，数学系学科に進まれる読者も意識し，ε-δ 論法を正面から扱った．しかし，理論だけに偏することなく「理論」「計算法」「実例と応用」のバランスに配慮し，微分積分学の特徴である"巧みな"計算法，"面白い"実例，"役に立つ"応用の代表的なものはほぼ収めて解説．問題に対する解答もかなり丁寧に記した．

【主要目次】1. 極限と連続関数　2. 微分　3. 積分　4. 偏微分　5. 重積分　6. 級数と一様収束